高等院校机械类应用型本科"十二五"创新规划系列教材

顾问●张 策 张福润 赵敖生

工程制图

主 编 熊南峰 周福成

副主编 王 笑 武庆东

GONGCHENG ZHITU

U0343141

华中科技大学出版社
http://www.hustp.com
中国·武汉

内 容 简 介

　　本书从满足应用型本科层次课堂教学的角度出发,分十章系统地介绍了有关机械制图的技术标准、正投影基本理论,以及标准件、常用件的规定画法,零件图、装配图的绘制与识读,并较完整地介绍了其他常用工程图样如焊接图、表面展开图、化工图样的绘制,同时在附录中列出了常用标准结构及数据,可供测绘零、部件时参考。

　　本书结合应用型本科的培养目标,对基本理论部分以必需、够用为度;对绘图、读图以应用为重点,文字简明,图文并茂,图表清晰、规范;对复杂投影都配有立体图以帮助理解;相关国家标准尽量采用了最新标准;主要知识点都有例题,实用性、先进性及指导性较强。

　　本书可作为机械类和近机类专业学生教材,也可供从事机械类专业的技术人员参考。

图书在版编目(CIP)数据

工程制图/熊南峰,周福成主编.—武汉:华中科技大学出版社,2012.7(2021.8重印)
ISBN 978-7-5609-7876-5

Ⅰ.①工… Ⅱ.①熊… ②周… Ⅲ.①工程制图-高等学校-教材 Ⅳ.①TB23

中国版本图书馆 CIP 数据核字(2012)第 069332 号

工程制图 熊南峰　周福成　主编

策划编辑:俞道凯
责任编辑:刘　勤
责任校对:何　欢
封面设计:陈　静
责任监印:朱　玢
出版发行:华中科技大学出版社(中国·武汉)　　电话:(027)81321913
　　　　　武汉市东湖新技术开发区华工科技园　　邮编:430223
录　　排:华中科技大学惠友文印中心
印　　刷:武汉市洪林印务有限公司
开　　本:787mm×1092mm　1/16
印　　张:16
字　　数:408 千字
版　　次:2021 年 8 月第 1 版第 12 次印刷
定　　价:39.80 元

高等院校机械类应用型本科"十二五"创新规划系列教材

编审委员会

高等院校机械类应用型本科"十二五"创新规划系列教材

总　序

　　《国家中长期教育改革和发展规划纲要》(2010—2020)颁布以来,胡锦涛总书记指出:教育是民族振兴、社会进步的基石,是提高国民素质、促进人的全面发展的根本途径。温家宝总理在 2010 年全国教育工作会议上的讲话中指出:民办教育是我国教育的重要组成部分。发展民办教育,是满足人民群众多样化教育需求、增强教育发展活力的必然要求。目前,我国高等教育发展正进入一个以注重质量、优化结构、深化改革为特征的新时期,从 1998 年到 2010 年,我国民办高校从 21 所发展到了 676 所,在校生从 1.2 万人增长为 477 万人。独立学院和民办本科学校在拓展高等教育资源,扩大高校办学规模,尤其是在培养应用型人才等方面发挥了积极作用。

　　当前我国机械行业发展迅猛,急需大量的机械类应用型人才。全国应用型高校中设有机械专业的学校众多,但这些学校使用的教材中,既符合当前改革形势又适用于目前教学形式的优秀教材却很少。针对这种现状,急需推出一系列切合当前教育改革需要的高质量优秀专业教材,以推动应用型本科教育办学体制和运行机制的改革,提高教育的整体水平,加快改进应用型本科的办学模式、课程体系和教学方式,形成具有多元化特色的教育体系。现阶段,组织应用型本科教材的编写是独立学院和民办普通本科院校内涵提升的需要,是独立学院和民办普通本科院校教学建设的需要,也是市场的需要。

　　为了贯彻落实教育规划纲要,满足各高校的高素质应用型人才培养要求,2011 年 7 月,华中科技大学出版社在教育部高等学校机械学科教学指导委员会的指导下,召开了高等院校机械类应用型本科"十二五"创新规划系列教材编写会议。本套教材以"符合人才培养需求,体现教育改革成果,确保教材质量,形式新颖创新"为指导思想,内容上体现思想性、科学性、先进性和实用性,把握行业岗位要求,突出应用型本科院校教育特色。在独立学院、民办普通本科院校教育改革逐步推进的大背景下,本套教材特色鲜明,教材编写参与面广泛,具有代表性,适合独立学院、民办普通本科院校等机械类专业教学的需要。

　　本套教材邀请有省级以上精品课程建设经验的教学团队引领教材的建设,邀请本专业领域内德高望重的教授张策、张福润、赵敖生等担任学术顾问,邀请国家级教学名师、教育部机械基础学科教学指导委员会副主任委员、华中科技大学机械学院博士生导师吴昌林教授担任总主编,并成立编审委员会对教材质量进行把关。

　　我们希望本套教材的出版,能有助于培养适应社会发展需要的、素质全面的新型机械工程建设人才,我们也相信本套教材能达到这个目标,从形式到内容都成为精品,真正成为高等院校机械类应用型本科教材中的全国性品牌。

高等院校机械类应用型本科"十二五"创新规划系列教材

编审委员会

2012-5-1

前　　言

　　工程图样被喻为工程技术界共同的"技术语言",工程图样的设计质量,基本决定了产品质量。合格的工程技术人员不但要熟练掌握相关的专业知识,还要熟练掌握图学基本理论、制图技术及制图标准化等知识,才能为设计制造出合格的产品打下坚实的知识基础。

　　本书是应用型本科机械类和近机类工科专业的教学用书。全书紧紧围绕应用型本科的培养目标,遵循职业教育教学规律,从满足经济社会发展对应用型本科人才的需要出发,在课程结构、教学内容编排上进行了有意义的探索和改革创新。

　　本书在基本理论部分以必需、够学够用为度。全书内容体系合理、图例齐全、形式简明,引用新的国家标准。知识讲解由浅入深,循序渐进,文、图、例并行,易读易懂。

　　全书内容包括制图的基本知识和技能、正投影基础、基本立体、轴测图、组合体、机件的表达方法、标准件与常用件、零件图、装配图、其他工程图样和附录。其他工程图样介绍了焊接图、表面展开图、化工设备图和化工工艺图的绘制方法,以满足不同专业的需求。全书建议总学时 60～80 学时。

　　本书的第 4、5、10 章和附录由熊南峰编写,第 1、3、8 章由周福成编写,第 2、6 章由王笑编写,第 9 章由武庆东编写,第 7 章由熊南峰和武庆东共同编写。全书由熊南峰负责统稿和定稿。

　　限于编者的水平和经验,编写时间仓促,书中难免有缺点甚至是错误之处,敬请广大读者批评指正。

编　者

2012 年 2 月

目　　录

2

绪　　论

1. 本课程的性质、任务

工程制图是工程图学的一部分,是专门研究工程图样的绘制和识读的一门学科,是机械类和近机类专业的一门专业基础课。

工程制图是研究用正投影法绘制工程图样和解决空间几何问题的理论和方法的一门课程。在现代工业中,机器的设计、制造、维修等从构思草图,到计划图、装配图、零件图、加工工序图等各个阶段都离不开图样,图样被喻为"工程界的语言",它是技术人员借以表达和交流技术思想的重要工具,是工程技术部门的一项重要技术文件,是每位工程技术人员都必须掌握的技术语言。

本课程既是学习后续专业课程的基础,同时读图和制图能力也是从事工程技术所必要的基本技能。该课程的主要任务是:

(1) 学习正投影法的基本理论及其应用;

(2) 学习、贯彻《技术制图》与《机械制图》国家标准及其有关规定;

(3) 培养使用仪器、徒手绘制工程图样的基本能力;

(4) 培养空间想象与构思形体的能力;

(5) 培养阅读中等复杂程度工程图样的能力;

(6) 培养查阅、使用相关国家标准的能力;

(7) 培养认真负责的工作态度和严谨细致的工作作风。

2. 本课程的特点和学习方法

工程制图的知识来源主要有两类:一是建立在空间投影理论基础上严密的、具有逻辑推理的经典知识,其特点类同于立体几何,需要学生具有较强的空间思维能力;二是建立在长期工程实践过程中逐步形成的、约定俗成的规定和规范,具有一定的强制性,这要求学生学习并严格贯彻《技术制图》与《机械制图》国家标准及其有关规定。

本课程既有理论,又重实践,是一门实践性很强的技术基础课。在学习上的建议如下。

(1) "每课必练"。本课程的基本理论、基本方法只有通过大量的作图练习、读图练习才能加深对课程知识的理解和掌握,并且学习要坚持理论联系实际,在后续课程的学习和今后工作实践中逐步巩固和提高。

(2) "注重标准"。对有关《技术制图》与《机械制图》国家标准要认真学习,严格遵守。

第1章 制图的基本知识和技能

工程图样与文字一样,是工程技术人员借以表达设计思想,进行技术交流、组织施工和生产的重要技术资料,工程图样被喻为工程技术界共同的"技术语言"。随着计算机图形学的发展,计算机辅助设计绘图技术正迅速在企事业单位推广应用,为工程技术人员提供了现代化的设计绘图工具。本章将介绍有关机械制图的基本知识,并将着重介绍国家标准中涉及的有关机械制图的技术标准。

1.1 《机械制图》国家标准的有关规定

《国家标准 技术制图》和《国家标准 机械制图》是国家制定的基本技术标准,绘图时必须严格遵守标准的有关规定,以便工业部门科学地进行生产与管理。国家所制定并颁布的一系列国家标准简称为"国标"。国标有以下三种执行方式:强制性的代号为"GB",推荐性的代号为"GB/T",指导性的代号为"GB/Z"。例如"制图标准 GB/T 14689—2008"是关于图纸幅面和格式的标准,标准顺序号为14689,批准颁布的年号是2008年。随着科技的发展,为适应生产发展的新需要,标准还会不断地被改进。

1.1.1 图纸幅面及标题栏

1. 图纸幅面(GB/T 14689—2008)

表1.1列出了标准中规定的各种图纸的幅面尺寸(见图1.1),绘图时应优先采用。每张图样均需有细实线绘制的图幅。必要时可加长边长,但加长量必须符合标准的规定,这些幅面的尺寸由基本幅面的短边乘整数倍增加后得出。

表1.1 图纸幅面及尺寸   mm

幅 面 代 号		A0	A1	A2	A3	A4
幅面尺寸 $B \times L$		841×1189	594×841	420×594	297×420	210×297
周边尺寸	a	25				
	c	10			5	
	e	20			10	

2. 图框格式

在图样上必须用粗实线画出图框线。图框分为不留装订边和留有装订边两种格式,分别如图1.2、图1.3所示。同一产品的图样只能采用一种格式。

3. 标题栏

每张图纸上都必须画出标题栏。标题栏的位置应位于图纸的右下角或下方,如图1.2和图1.3所示。标题栏的格式和尺寸按GB/T 10609.1—2008的规定设置。

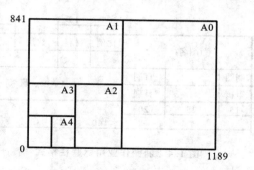

图 1.1　图纸基本幅面尺寸

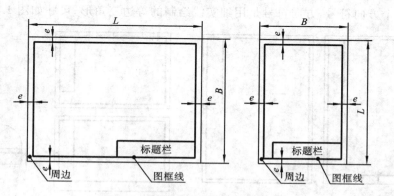

图 1.2　不留装订边的图框格式图

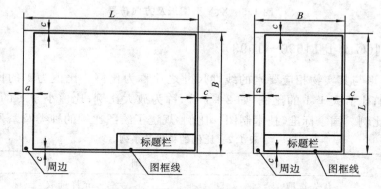

图 1.3　留装订边的图框格式图

　　学生作业用标题栏的外框是粗实线,里边是细实线,其右边线和底边线应与图框线重合。制图作业的标题栏建议采用图 1.4 所示格式。

4．X 型、Y 型图纸及方向符号

　　标题栏的长边置于水平方向并与图纸的长边平行,则构成 X 型图纸,如图 1.2 和图 1.3 所示;若标题栏的长边与图纸的长边垂直,则构成 Y 型图纸,如图 1.2 和图 1.3 所示。在此情况下看图方向与看标题栏方向一致。

　　为了利用预先印制的图纸,允许将 X 型图纸的短边置于水平位置使用,或将 Y 型图纸的长边置于水平位置使用,如图 1.5(a)、图 1.5(b)所示。为了明确绘图与看图图纸的方向,

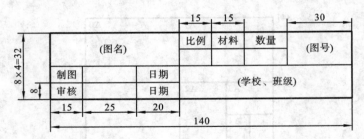

图 1.4　制图作业用标题栏格式

应在图纸下边对中符号(对中符号用粗实线绘制,长度从纸边界开始至伸入图框内约 5 mm)处画一个方向符号,方向符号是用细实线绘制的等边三角形,尺寸如图 1.5(c)所示。

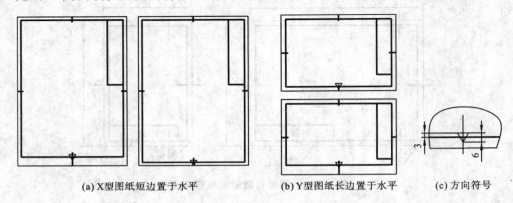

(a) X型图纸短边置于水平　　　　(b) Y型图纸长边置于水平　　(c) 方向符号

图 1.5　X、Y 型图纸及方向符号

1.1.2　比例(GB/T 14690—1993)

图样中图形与其实物相应要素的线性尺寸之比称为比例。比值为 1 的比例,即 1:1,称为原值比例;比值大于 1 的比例,如 2:1 等,称为放大比例;比值小于 1 的比例,如 1:2 等,称为缩小比例。国家标准《技术制图　比例》规定了绘图比例的种类及系列,见表 1.2。

表 1.2　比例的种类及系列

种　　类	比　　例			
	优先选取		允许选取	
原值比例	1:1			
放大比例	5:1　　　　2:1 $5 \times 10^n:1$　$2 \times 10^n:1$　$1 \times 10^n:1$		4:1 $4 \times 10^n:1$	2.5:1 $2.5 \times 10^n:1$
缩小比例	1:2　　　1:5　　　1:10 $1:2 \times 10^n$　$1:5 \times 10^n$　$1:1 \times 10^n$		1:1.5　　1:2.5　　1:3　　1:4　　1:6 $1:1.5 \times 10^n$　$1:2.5 \times 10^n$　$1:3 \times 10^n$　$1:4 \times 10^n$　$1:6 \times 10^n$	

注:n 为正整数。

绘制图样时,一般使用表 1.2 中优先选取的比例,必要时也可以使用允许选取的比例。绘制同一机件的各个视图时应尽量采用相同的比例,并在标题栏中比例栏内填写,形式如

1：1、2：1等,当某个视图需要采用不同比例时,必须在视图名称的下方或右方注出比例,其形式如下所示:

$$\frac{A}{5：1} \qquad \frac{B}{1：100} \qquad \frac{C-C}{2.5：1} \qquad 平面图 1：10$$

1.1.3　字体(GB/T 14691—1993)

字体是指图样中汉字、字母和数字的书写形式,图样中书写的字体必须做到字体工整、笔画清楚、间隔均匀、排列整齐。字体高度用 h 表示,单位为 mm。字高公称尺寸系列为:1.8、2.5、3.5、5、7、10、14、20。如需要书写更大的字体时,其字体高度应按 $\sqrt{2}$ 的比率递增。

1. 汉字

汉字应写成长仿宋体字,并应采用中华人民共和国国务院正式颁布推行的《汉字简化方案》中规定的简化字。汉字的高度 h 不应小于 3.5 mm,其字宽一般为 $h/\sqrt{2}$。长仿宋体汉字的书写要领是:横平竖直,注意起落,结构匀称,填满方格。长仿宋体汉字示例如下。

10 号字

字体工整　笔画清楚　间隔均匀　排列整齐

7 号字

横平竖直注意起落结构均匀填满方格

5 号字

技术制图机械电子汽车航空船舶土木建筑矿山井坑港口纺织服装

2. 字母及数字

字母和数字有 A 型和 B 型、直体和斜体之分。A 型字体的笔画宽度(d)为字高(h)的 1/14,B 型字体的笔画宽度(d)为字高(h)的 1/10。在同一图样上,只允许选用一种形式的字体。斜体字字头向右倾斜,与水平基准线成 75°。常用字母和数字的书写示例分别如图 1.6、图 1.7 所示。

图 1.6　A 型字母斜体的书写示例

图 1.7　A 型数字斜体的书写示例

1.1.4 线型及应用(GB/T 4457.4—2002、GB/T 17450—1998)

1. 图线及应用

图线是起点和终点间以任何方式连接的一种几何图形,形状可以是直线或曲线、连续线或不连续线。机械图样中常用的图线见表1.3。

表 1.3 图线名称、线型及应用

图线名称	线 型	线宽	主 要 用 途
粗实线	——————————	d	可见棱边线、可见轮廓线、可见相贯线等
波浪线	～～～～～	$0.5d$	断裂处的边界线、视图和剖视图的分界线
双折线	⌁	$0.5d$	断裂处的分界线
细实线	——————————	$0.5d$	尺寸线、尺寸界线、剖面线、引出线
虚线	- - - - - - -	$0.5d$	不可见轮廓线、不可见过渡线
点画线	— · — · — · —	$0.5d$	轴线、对称中心线等
双点画线	— ·· — ·· —	$0.5d$	相邻辅助零件的轮廓线、假想投影轮廓线

所有线型的图线宽度 d 应按图样的类型、尺寸大小和复杂程度在下列数系中选择:0.13,0.18,0.25,0.35,0.5,0.7,1,1.4,2 mm。

机械图样中采用粗、细两种线宽,粗线和细线的线宽比例关系是 2:1。

各种线型在图样上的应用如图1.8所示。

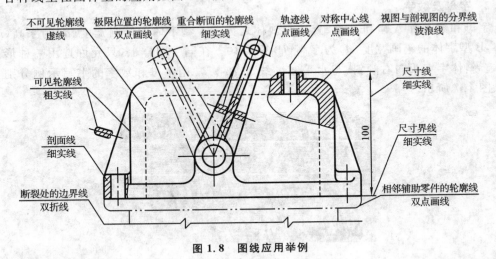

图 1.8 图线应用举例

2. 图线画法

(1)同一图样中的同类图线的宽度应基本一致。虚线、点画线及双点画线的线段长度和间隔应各自大致相等。

(2)绘制圆的对称中心线时,圆心应为线段的交点。点画线和双点画线的首、末两端应是线段而不是短画,且宜超出图形外 2～5 mm。

(3)在较小的图形上绘制点画线或双点画线有困难时,可用细实线代替。

（4）当细虚线是粗实线的延长线时，在连接处应留出空隙，图线的画法示例如图 1.9 所示。

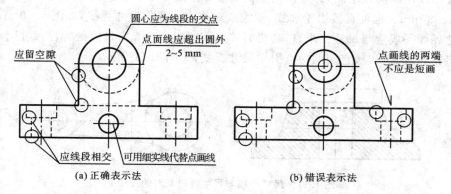

(a) 正确表示法　　　　　　　　　　　(b) 错误表示法

图 1.9　图线的画法

1.1.5　尺寸注法（GB/T 4458.4—2003）

机械零件的形状可用图形来描述，但其大小必须依靠图样上标注的尺寸来确定，因此，尺寸标注是绘制工程图样的一项重要内容。国家标准《机械制图　尺寸注法》(GB/T 4458.4—2003)中，规定了机械图样中标注尺寸的方法。

1. 基本规则

（1）机件的真实大小应以图样上所注的尺寸数值为依据，与图形的大小及绘图的准确度无关。

（2）图样中（包括技术要求和其他说明）的尺寸以毫米（mm）为单位时，不需标注计量单位的代号或名称；如采用其他单位，则必须注明相应的计量单位的代号或名称。

（3）图样中所标注的尺寸，为该图样所示机件的最后完工尺寸，否则应另加说明。

（4）对机件的每一尺寸，一般只标注一次，并应标注在反映该结构最清晰的图形上。

2. 尺寸的组成

一个完整的尺寸应由尺寸界线、尺寸线、尺寸终端和尺寸数字四个要素组成，如图 1.10 所示。

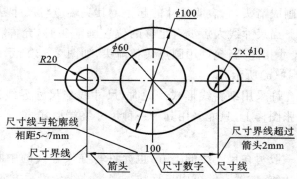

图 1.10　尺寸的组成及标注示例

1) 尺寸界线

尺寸界线用细实线绘制,并应由图形的轮廓线、轴线或对称中心线处引出,超出尺寸线终端为 2～3 mm。也可直接用轮廓线、轴线或对称中心线作尺寸界线,如图 1.10 所示。

尺寸界线一般应与尺寸线垂直,必要时才允许倾斜。在光滑过渡处标注尺寸时,应该用细实线将轮廓线延长,从它们的交点引出尺寸界线,如图 1.11 所示。

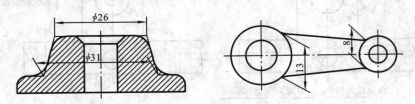

图 1.11 尺寸界线与尺寸线斜交时的注法

2) 尺寸线

尺寸线用细实线绘制,如图 1.12 所示。尺寸线必须单独画出,不能与其他图线重合或在其延长线上,标注尺寸界线时,尺寸线必须与所标注的线段平行,相同方向的各尺寸线的间距要均匀,间隔应不小于 7 mm,以便注写尺寸数字和有关符号。

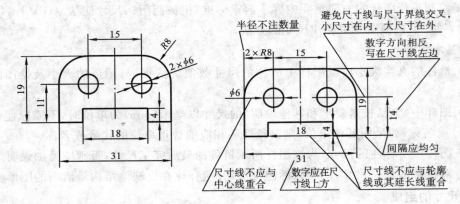

图 1.12 尺寸线

3) 尺寸终端

尺寸线终端一般画成箭头,它表明尺寸的起止。其尖端应与尺寸界线相接触,且尽量画在两尺寸界线的内侧。当尺寸线太短没有足够的位置画箭头时,允许将箭头画在尺寸线外边;连续两个以上小尺寸相连处,允许用圆点代替箭头,如图 1.13 所示。

箭头画法如图 1.14(a)所示。

尺寸线的终端也允许采用细斜线形式。此时,尺寸线与尺寸界线必须垂直,如图 1.14(b)所示。注意,同一张图样上,只能采用其中一种尺寸终端形式。

4) 尺寸数字

线性尺寸的数字一般写在尺寸线的上方,也允许写在尺寸线的中断处。同一图样中尺寸数字的字号大小应一致,位置不够可引出标注。当尺寸线呈铅垂方向时,尺寸数字在尺寸线左侧,字体朝左,其余方向时,字头有朝上趋势。尺寸数字的方向按图 1.15(a)所示方向

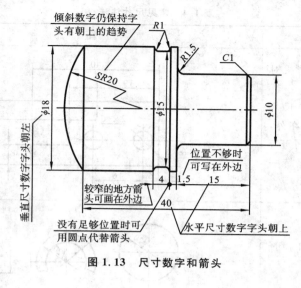

图 1.13 尺寸数字和箭头

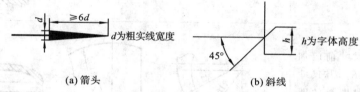

(a) 箭头   (b) 斜线

图 1.14 尺寸终端的画法

注写,尽量避免在 30°范围内标注尺寸,当无法避免时,按图 1.15(b)所示方向注写。尺寸数字不能被任何图线通过,当尺寸数字不可避免被图线通过时,图线必须断开,如图 1.15(c)所示。

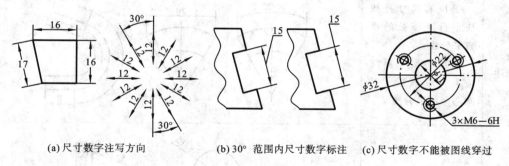

(a) 尺寸数字注写方向   (b) 30°范围内尺寸数字标注   (c) 尺寸数字不能被图线穿过

图 1.15 尺寸数字的注写

尺寸数字前的符号用来区分不同类型的尺寸:

ϕ 表示直径、R 表示半径、$S\phi$ 与 SR 表示球面、□表示正方形、±表示正负偏差、∠表示斜度。

常见尺寸注法见表 1.4。

表 1.4 常见尺寸注法

类型	说　明	图　例
线性 尺寸	串列尺寸箭头对齐； 并列尺寸小尺寸在内,大尺寸在外,尺寸线间隔不小于 7 mm,且间隔保持一致	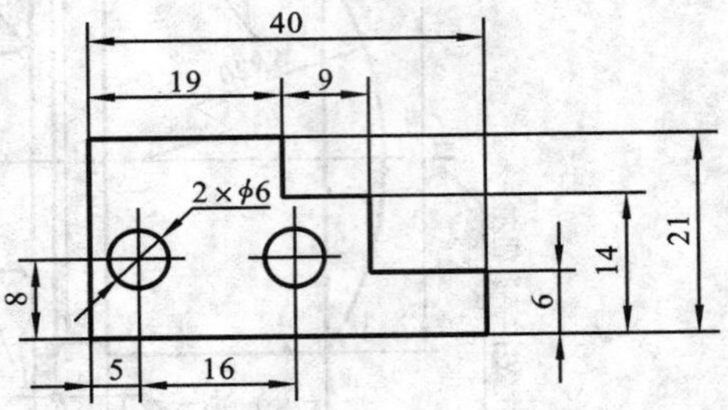
直径 尺寸	直径尺寸前应加注符号"ϕ"	
半径 尺寸	半径尺寸前应加注符号"R",其尺寸线应通过圆弧的圆心;当无法标注圆心时,可按图示标注	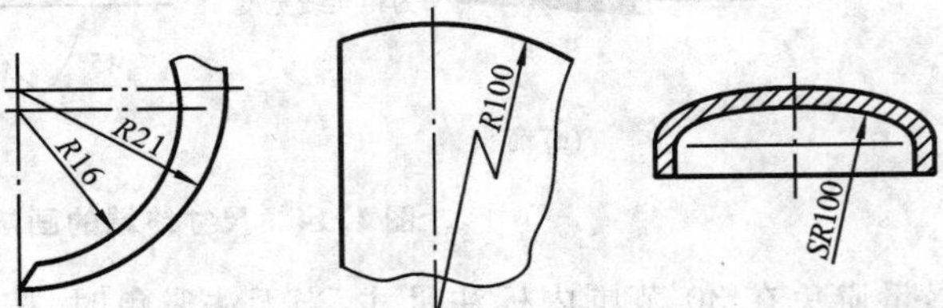
弦长和 弧长的 标注	弦长的尺寸界线应平行于该弦的垂直平分线; 弧长的尺寸界线应平行于该弧所对圆心角的平分线	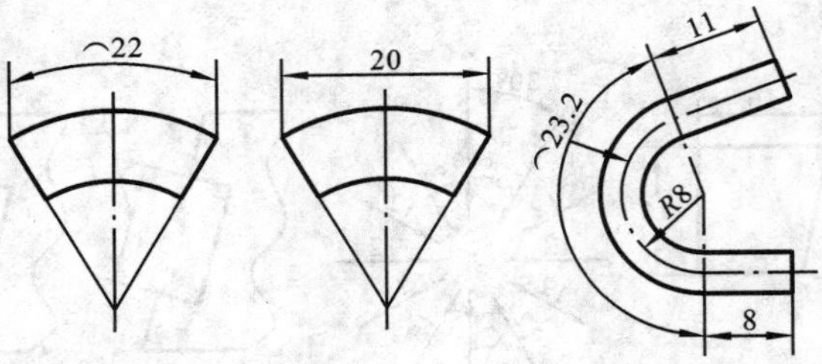
球面 尺寸的 注法	在符号"ϕ"和"R"前加注符号"S"	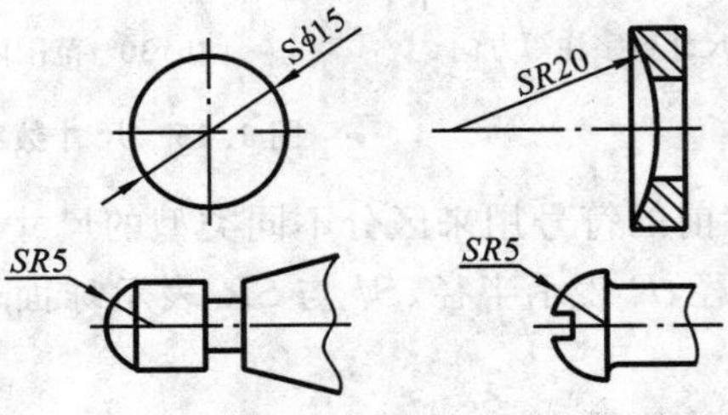

类型	说　明	图　例
角度尺寸的标注	角度尺寸的尺寸线沿径向引出,尺寸线应画成圆弧线,其圆心是该角的顶点,角度数字一律写成水平方向,一般注写在尺寸线的中断处	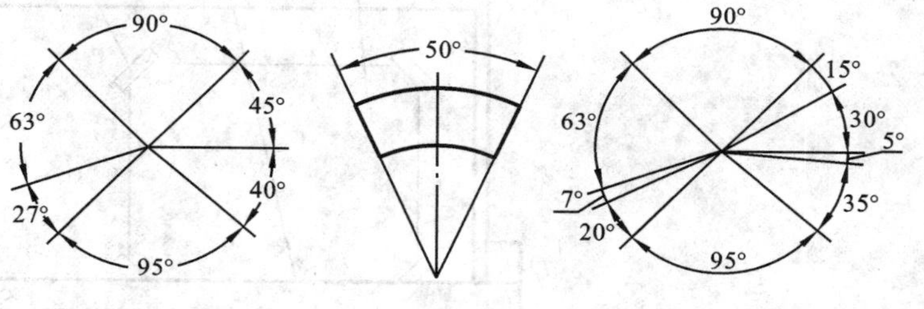
小尺寸注法	允许圆点或斜线代替箭头	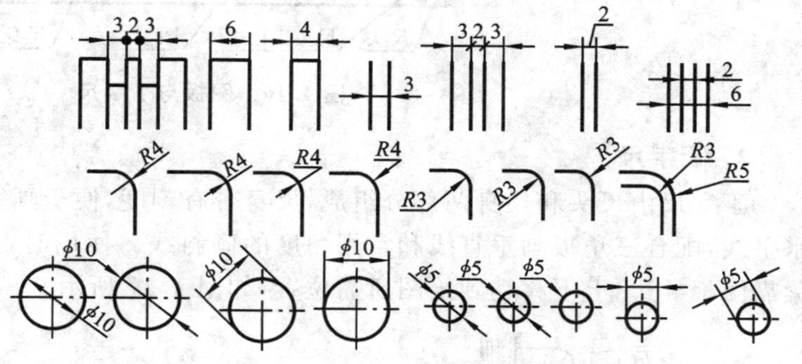
常用标注符号的比例画法		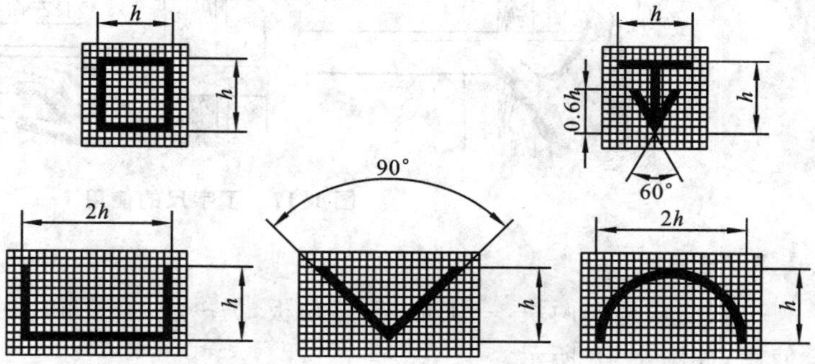

1.2　绘图工具和仪器

正确地使用绘图工具和仪器,既能保证绘图的质量,又能提高绘图工作的效率。下面介绍几种常用绘图工具的正确使用方法。

1.2.1　绘图工具

1. 图板

图板是铺贴图纸用的,其上表面应平滑光洁。图板的左侧边为丁字尺的导边,应该平直光滑。图纸用胶带纸固定在图板上,当图纸较小时,应将图纸铺贴在图板靠近左上方的位置,如图 1.16 所示。

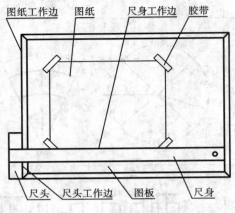

图纸工作边　图纸　尺身工作边　胶带

尺头　尺头工作边　图板　尺身

图 1.16　图板与丁字尺

2. 丁字尺

　　丁字尺由尺头和尺身两部分组成,尺身带有刻度,便于画线时直接度量。它主要用来画水平线,配合三角板画垂直线和常用角度的倾斜线。使用时,左手握住尺头,使尺头内侧边紧靠图板导边,上下移动到绘图所需位置,如图 1.17 所示。

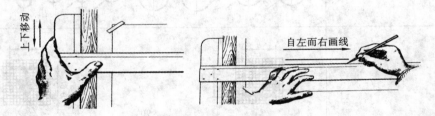

上下移动　　　　　　　自左而右画线

图 1.17　丁字尺的使用

3. 三角板

　　一副三角板有两块,一块是 45°三角板,另一块是 30°和 60°三角板。三角板和丁字尺配合使用,如图 1.18 所示。

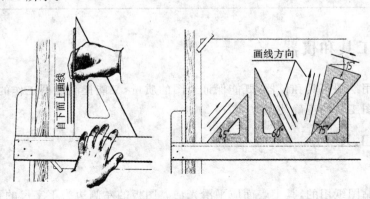

自下而上画线　　画线方向

图 1.18　用三角板和丁字尺配合画垂直线和斜线

4. 比例尺

比例尺尺面上有不同比例的刻度,供绘制不同比例的图样时量取尺寸用,省去计算的麻烦。注意每一种刻度常可用做几种不同的比例。例如标明 1∶100 刻度的比例尺,它的每 20 小格(真实长度为 20 mm)若代表 2 m 时,是 1∶100 的比例;若代表 20 mm 时,是 1∶1 的比例;若代表 2 mm 时,是 10∶1 的比例。对于 1∶200 刻度的比例尺,它的每 10 小格(真实长为 10 mm)代表 2 m 时,是 1∶200 的比例。比例尺的用法如图 1.19 所示。

5. 曲线板

曲线板是用来光滑连接非圆曲线上诸点时使用的工具,其使用方法如图 1.20 所示,其步骤如下。

(1) 求出非圆曲线上各点,并用铅笔徒手轻轻地连点成光滑曲线,如图 1.20(a)所示。

(2) 使曲线板的某一段尽量与曲线吻合并用曲线板描曲线,末尾留一段待下次描绘,如图 1.20(b)所示。

(3) 描下一段曲线,使该段曲线的开头与上段曲线的末尾重合,依次连续描绘出一条光滑曲线,如图 1.20(c)所示。

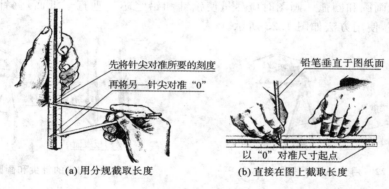

图 1.19　比例尺的用法

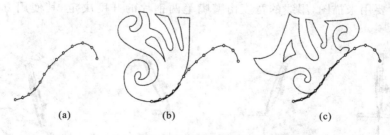

图 1.20　曲线板的用法

6. 绘图铅笔

绘图铅笔按笔芯的软硬不同有 B、HB、H 型等多种标号。B 前面的数字越大,表示笔芯越软;H 前面的数字越大,表示笔芯越硬;HB 标号的笔芯硬软适中。绘图时建议画粗实线时选用 B 或 2B 型铅笔;写字、画箭头时选用 HB 型铅笔;打底稿和画细实线及各类点画线时用 H 型铅笔。铅笔一般磨削成锥形,如图 1.21 所示。

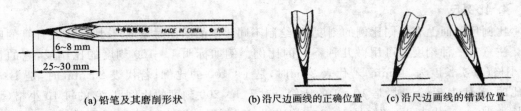

| (a) 铅笔及其磨削形状 | (b) 沿尺边画线的正确位置 | (c) 沿尺边画线的错误位置 |

图 1.21   铅笔及其画线方法

1.2.2   绘图仪器

1. 分规

分规主要用来量取线段长度或等分已知线段。分规的两个针尖应调整平齐。从比例尺上量取长度时,针尖不要正对尺面,应使针尖与尺面保持倾斜。用分规等分线段时,通常要用试分法。分规的用法如图 1.22 所示。

2. 圆规

圆规用来画圆和圆弧。画图时应尽量使钢针和铅笔芯都垂直于纸面,钢针的台阶与铅笔芯尖应平齐,使用方法如图 1.23 所示。

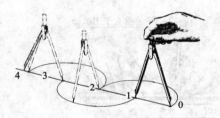

图 1.22   用分规等分线段

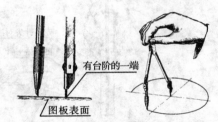

图 1.23   圆规的针尖和画圆的手势

3. 鸭嘴笔

鸭嘴笔主要用来描图,墨线的宽度由鸭嘴笔两钢片的开度决定,其使用方法如图 1.24 所示。

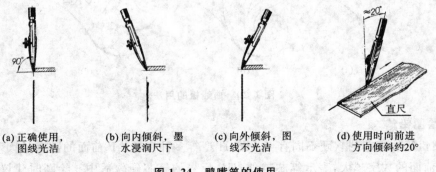

| (a) 正确使用,图线光洁 | (b) 向内倾斜,墨水浸润尺下 | (c) 向外倾斜,图线不光洁 | (d) 使用时向前进方向倾斜约20° |

图 1.24   鸭嘴笔的使用

1.3　几何作图

虽然机件的轮廓形状是多种多样的,但它们的图样基本上都是由直线、圆弧和其他一些曲线所组成的几何图形,因此在绘制工程图样时,常常要运用一些几何作图方法。

1.3.1　等分

1. 直线段的等分

等分直线段的画法如图 1.25 所示,作图步骤如下。

(1) 已知直线段 AB,过点 A 作任意直线 AC,以适当长为单位,在 AC 上量取 n 个线段,得到点 $1,2,\cdots,n$,如图 1.25(b)所示。

(2) 连接 nB,过点 $1,2,\cdots$ 作 nB 的平行线与 AB 相交,即可将 AB 分为 n 等份,如图 1.25(c)所示。

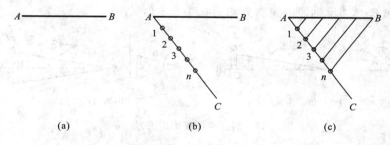

图 1.25　分线段为 n 等分

2. 圆周的等分和正多边形

1) 六等分圆周和正六边形

图 1.26 所示为六等分圆周,用圆的半径等分圆周,把各等分点依次连接,即得一正六边形。因此画正六边形只要给出外接圆的直径尺寸(或正六边形的对角距)就够了。

用三角板配合丁字尺,也可作圆的内接正六边形或外切正六边形(见图 1.27)。因此正六边形的尺寸也可给出两对边的距离 S(即内切圆直径)尺寸。

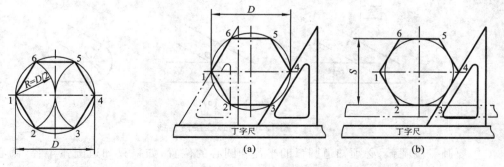

图 1.26　六等分圆周和作正六边形　　　　图 1.27　用丁字尺和三角板作外切或内接正六边形

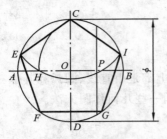

图 1.28 正五边形的画法

2） 五等分圆周和正五边形

五等分圆周既可用分规试分，也可按下述方法等分，如图 1.28 所示。

（1）平分 OB 得点 P；

（2）在 AB 上取 $PH = PC$，得点 H；

（3）以 CH 为边长等分圆周，得等分点 E、F、G、I，依次连接即得正五边形。

1.3.2　斜度与锥度

斜度与锥度的作图方法如图 1.29 所示。

斜度是指直线或平面对另一直线或平面的倾斜程度。作法和标注如图 1.29（a）所示，图中的线段 DC 作为一个单位长度。

锥度是指正圆锥底圆的直径长度与正圆锥的高度之比，作法和标注如图 1.29（b）所示，图中的点 E 和 F 与圆锥轴线的距离分别为 0.5 个单位长度。

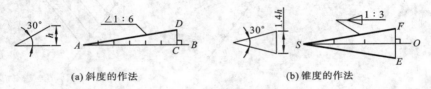

(a) 斜度的作法　　　　　　　　　　　(b) 锥度的作法

图 1.29　斜度与锥度的作图方法示例

1.3.3　圆弧连接

用已知半径的圆弧光滑连接已知直线或圆弧，称为圆弧连接。圆弧连接有三种情况：用已知半径为 R 的圆弧连接两条已知直线；用已知半径为 R 的圆弧连接两已知圆弧，其中有外连接和内连接之分；用已知半径为 R 的圆弧连接一已知直线和圆弧。

1. 圆弧与已知直线连接

已知两直线及连接圆弧的半径 R，求作两直线的连接弧。其作图过程如图 1.30 所示。

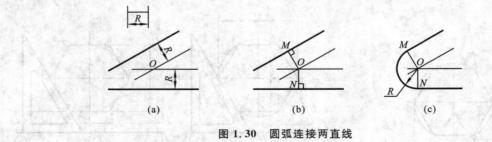

(a)　　　　　　　　　(b)　　　　　　　　　(c)

图 1.30　圆弧连接两直线

要画一段圆弧，必须知道圆弧的半径和圆心的位置，如果只知道圆弧半径，圆心要用作图法求得，这样画出的圆弧为连接弧。

（1）作与已知两直线分别相距为 R 的平行线，交点 O 即为连接弧的圆心，如图 1.30（a）

所示。

（2）从圆心 O 分别向两直线作垂线，垂足 M、N 即为切点，如图 1.30(b)所示。

（3）以 O 为圆心，R 为半径，在两切点 M、N 之间画圆弧，即为所求圆弧，如图 1.30(c)所示。

2. 圆弧与已知两圆弧外连接

已知圆心分别为 O_1、O_2 及其半径为 $R5$、$R10$ 的两圆，用半径为 $R20$ 的圆弧外连接两圆。其作图过程如图 1.31 所示。

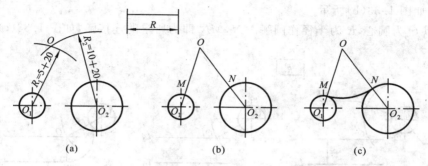

图 1.31　圆弧与已知两圆弧外连接

（1）以 O_1 为圆心，$R_1 = 5 + 20 = 25$ 为半径画弧，以 O_2 为圆心，$R_2 = 10 + 20 = 30$ 为半径画弧，两圆弧的交点 O 即为连接弧的圆心，如图 1.31(a)所示。

（2）连接 OO_1、OO_2，与两已知圆相交于点 M、N，点 M、N 即为切点，如图 1.31(b)所示。

（3）以 O 为圆心、$R20$ 为半径画弧 MN，MN 即为所求连接弧，如图 1.31(c)所示。

3. 圆弧与已知两圆弧内连接的画法

已知圆心分别为 O_1、O_2 及其半径为 $R5$、$R10$ 的两圆，用半径为 $R30$ 的圆弧内连接两圆。其作图过程如图 1.32 所示。

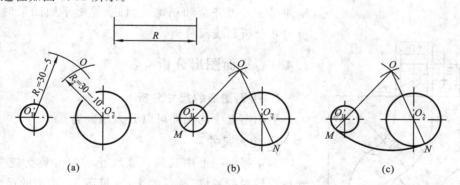

图 1.32　圆弧与已知两圆弧内连接

（1）以 O_1 为圆心，$R_1 = 30 - 5 = 25$ 为半径画弧，以 O_2 为圆心，$R_2 = 30 - 10 = 20$ 为半径画弧，两弧的交点 O 即为连接弧的圆心，如图 1.32(a)所示。

（2）连接 OO_1、OO_2 并延长，与两已知圆相交于点 M、N，点 M、N 即为切点，如图 1.32(b)所示。

（3）以 O 为圆心、$R30$ 为半径画弧 MN，MN 即为所求连接弧，如图 1.32(c) 所示。

4. 圆弧与已知圆弧、直线连接

已知圆心为 O_1、半径为 R_1 的圆弧和直线 L_1，用半径为 R 的圆弧连接已知圆弧和直线，作图过程如图 1.33 所示。

（1）作直线 L_1 的平行线 L_2，两平行线之间的距离为 R；以 O_1 为圆心，$R+R_1$ 为半径画圆弧，直线 L_2 与圆弧的交点 O 即为连接弧的圆心，如图 1.33(a) 所示。

（2）从点 O 向直线 L_1 作垂线得垂足 N，连接 OO_1 与已知弧相交得交点 M，点 M 和点 N 即为切点，如图 1.33(b) 所示。

（3）以 O 为圆心，R 为半径作圆弧 MN，MN 即为所求的连接弧，如图 1.33(c) 所示。

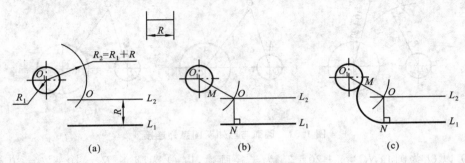

图 1.33　圆弧与圆弧、直线连接

1.4　平面图形

任何平面图形总是由若干线段（包括直线段、圆弧、曲线等）连接而成的，每条线段又由相应的尺寸来决定其长短（或大小）和位置。一个平面图形能否正确绘制出来，要看图中所给的尺寸是否齐全和正确。因此，绘制平面图形时应先进行尺寸分析和线段分析。

1.4.1　平面图形分析

1. 平面图形的尺寸分析

平面图形中的尺寸可以分为两大类。

1）定形尺寸

确定平面图形中几何元素大小的尺寸称为定形尺寸，常指直线段的长度、圆弧的半径（见图 1.34 中的尺寸 R33、20 等）。

2）定位尺寸

确定几何元素位置的尺寸称为定位尺寸，常指圆心的位置尺寸、直线与中心线的距离尺寸（见图 1.34 中的尺寸 6、60 等）。

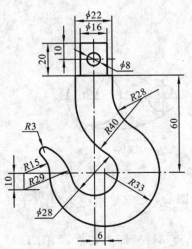

图 1.34　吊钩

2. 平面图形的线段分析

平面图形中的线段,按其尺寸是否齐全可分为三类。

1）已知线段

具有齐全的定形尺寸和定位尺寸的线段为已知线段,作图时可根据已知尺寸直接绘出。

2）中间线段

只给出定形尺寸和一个定位尺寸的线段为中间线段,其另一个定位尺寸可根据与相邻已知线段的几何关系求出。

3）连接线段

只给出线段的定形尺寸,定位尺寸未知,需要依靠与其两端相邻已知线段的几何关系求出的线段为连接线段。

仔细分析上述三类线段的定义,不难得出线段连接的一般规律:在两条已知线段之间可以有任意数量中间线段,但必须有而且只能有一条连接线段。

1.4.2　平面图形的画法

在画平面图形时,应根据图形中所给的各种尺寸,分析线段性质,然后按先画已知线段、再画中间线段、最后画连接线段的顺序画图。

下面以图 1.34 所示吊钩为例,其作图步骤如下。

（1）先画基准线和定位线,如图 1.35(a)所示。

（2）再画所有已知线段,如图 1.35(b)所示。

（3）接着画中间线段,其中 R29 圆弧的圆心纵向坐标依靠尺寸 10 确定,横向坐标则根据其与 ϕ28 圆弧相外切的几何条件求出,如图 1.35(c)所示。

（4）最后画连接线段 R28、R40 和 R3,如图 1.35(d)所示。

（5）然后检查、整理,加粗并标注尺寸,完成全图,如图 1.35(d)所示。

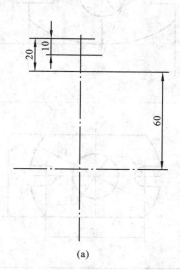

(a)

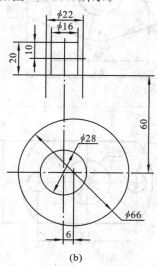

(b)

图 1.35　吊钩的作图步骤

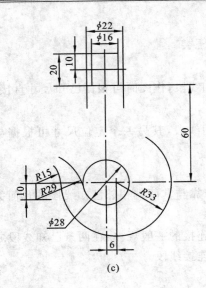

(c)

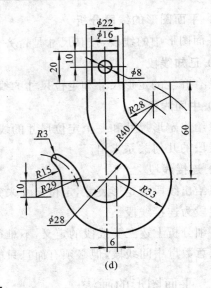

(d)

续图 1.35

1.4.3 平面图形的尺寸标注

常见平面图形的尺寸注法如表 1.5 所示。

表 1.5 常见平面图形尺寸注法示例

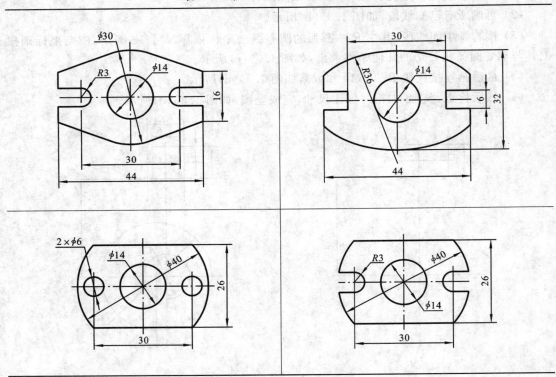

续表

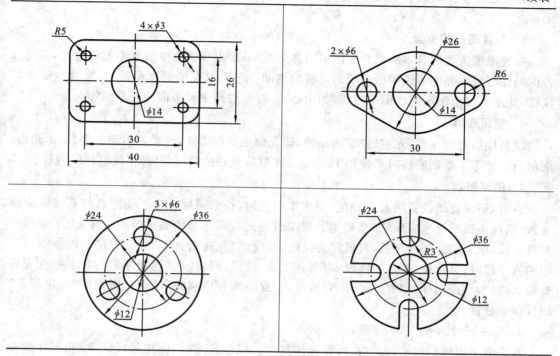

1.5　绘图的基本方法和步骤

1.5.1　仪器绘图

要使图样画得又快又好,必须熟悉制图标准,掌握几何作图的方法,正确使用绘图工具和合理的工作程序,建议按下述步骤进行。

1. 认真做好准备工作

首先准备好图板、丁字尺、三角板、仪器及其他必需品,如橡皮、曲线板、胶带纸等,并将图板、丁字尺和三角板擦拭干净;将绘制粗、细图线的铅笔和圆规准备好。

2. 仔细分析所绘对象

绘制平面图形时,要先分析图形的连接情况,确定哪些线段是已知线段,哪些线段是中间线段或是连接线段,以确定绘制图形的先后顺序。而绘制立体模型或机械零件的视图时,则要分析所绘对象的各种特征,从而确定表达方案。

3. 合理选择比例和图幅

根据前面的分析,选用合理的并且符合国标规范的比例和图纸幅面。用胶带纸将选好的图纸固定在图板的上方,当图幅小于图板幅面时,应将图纸固定在图板的左上方。

4. 绘制图框及标题栏

图纸的幅面和格式应符合国家标准(GB/T 14689—2008)的规定。

标题栏位于图纸的右下角,其格式和尺寸应符合国家标准(GB/T 10609.1—2008)的规定。

5. 布置图形的位置

布置图形位置的基本准则是使图形匀称美观,不要出现图框中疏密不匀的情况,要充分考虑到注写尺寸和文字说明所需要的足够的空间。布图时要依据图形的长、宽尺寸确定其位置,并画出各个图形的作图基准线,如中心线、对称线或主要平面的投影线等。

6. 轻画底稿

绘制底稿时应注意"先主后次"的原则,即先画主要轮廓线,然后再画细节部分,如圆角、倒角、孔、槽等。绘制底稿时要使用 H 型或 2H 型等较硬的铅笔,轻画细线,以便于修改。

7. 描深图线

通常,描深直线段要用 B 型铅笔,要求粗细均匀,符合国标。为了使圆弧与直线段浓淡一致,描深圆弧的铅笔应用 2B 型铅笔。描深时的先后顺序与画底稿时不一样,为了使线段光滑连接,应先描深圆和圆弧,再描深直线段,即所谓"先曲后直"的描深方法。而加深粗实线的直线段时,又是按"先水平线段,再垂直线段,最后倾斜线段"的顺序进行。在加深完所有粗实线后,再按同样的顺序描深所有的虚线、点画线和细实线,这就是所谓的"先粗后细"的描深方法。

8. 标注尺寸

在完成了图线描粗工作之后,接着标注尺寸。标注尺寸时,应先画尺寸界线、尺寸线和尺寸箭头,再注写尺寸数字和其他文字说明。

9. 检查全图,填写标题栏

最后要仔细检查图样,在确定没有错误之后,在标题栏中的相应地方签名并填写日期,并将多余的纸边裁剪整齐,完成全部绘图工作。

1.5.2 徒手画图

1. 草图的概念

徒手图又称草图,它是以目测估计图形与实物的比例,按一定画法要求徒手绘制的图样。工程技术人员不仅要会画仪器图,也应具备徒手画图的能力,以便针对不同的条件,用不同的方式记录产品的图样或表达设计思想。尤其在计算机绘图日益广泛使用的情况下,绘制草图的技能更显重要。

2. 徒手画草图的基本要求

徒手画图用的铅笔一般为 HB 型铅笔,笔芯头磨成锥形,笔芯头部一般与图线一样宽。徒手画图的要点是"徒手目测,先画后量,画线力均,横平竖直,曲线光顺"。画草图的要求如下。

(1) 图线应清晰。

(2) 各部分比例应匀称,目测尺寸尽可能接近实物大小。

(3) 绘图速度要快。

(4) 标注尺寸要准确、齐全,字体工整。

3. 草图的绘制方法

初学徒手画图,最好在方格纸上进行,以便控制图线的平直和图形的大小。经过一定的训练后,最后达到在空白图纸上画出比例匀称、图面工整的草图。

1) 直线的画法

徒手画直线时,握笔的手指离笔尖 30~40 mm,比平常写字时握笔要稍远。手腕、小手指轻压纸面,铅笔与笔运行的方向保持大致直角的关系。在画的过程中,眼睛随时看着所画线的终点,慢慢移动手腕和手臂,笔随手腕和手臂移动时,在笔运行的方向上要有一定转角。注意手握笔时,要自然放松,不可攥得太死,徒手画图的手势如图 1.36 所示。

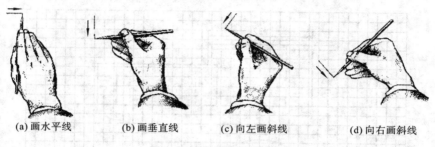

(a) 画水平线　　(b) 画垂直线　　(c) 向左画斜线　　(d) 向右画斜线

图 1.36　徒手画图的手势

2) 圆的画法

画圆时,应先画中心线以确定圆心。如果画较大的圆,则可先给定半径,用目测在中心线上定出四点,再增加两条过圆心的 45°斜线,然后以半径长定四点,以此八点近似画圆。对一般粗实线圆,往往先画细线圆,然后加粗,这样可在加粗过程中调整圆度,如图 1.37 所示。

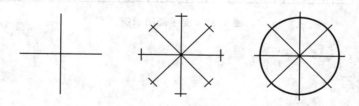

图 1.37　徒手画圆的方法(一)

如果是画小圆,则可只取中心线上的四点,徒手画圆。如果圆很大,则可用一条长纸条,在其上取两点为半径长,让一点对准中心线的中心、另一点旋转,每转一定角度就以纸条长为半径,用铅笔去定圆上的一点。用这种方法画圆时转角越小,取的点越多,就画得越圆,如图 1.38(a)所示。

当圆不是很大时,也可用小指尖压住中心,手用适当的力拿住铅笔,将笔尖压在纸上,另一只手将纸向上转动,旋转一圈后,圆就画出来了,如图 1.38(b)所示。也可以借助两支铅笔来画圆,一只手拿两支铅笔,笔尖分开作圆规状,一支笔尖压住中心,另一支笔随手转动图纸来画圆,如图 1.38(c)所示。

图 1.39 所示为在方格纸上画正投影草图示例。

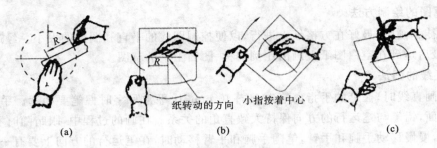

(a)　　　　　　　　(b)　　　　　　　　(c)

纸转动的方向　　　小指按着中心

图 1.38　徒手画圆的方法(二)

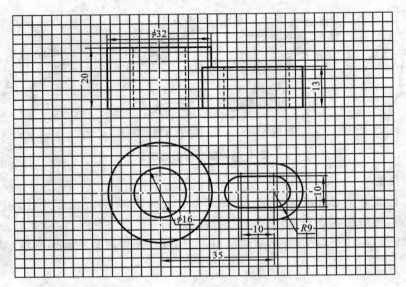

图 1.39　徒手画图示例

第 2 章　正投影基础

2.1　投影法基本知识

2.1.1　投影法的概念

阳光或灯光照射不透光的物体时,就会在地面或墙壁上产生影子。人们利用这种自然现象,经过抽象研究,创造了投影法,形成了一套用二维平面表达三维空间形体的投影理论,以表示物体的形状和大小。工程上应用投影法获得工程图样实现机械产品的制造和装配。

如图 2.1 所示,空间一定点 S 为投射中心,平面 H 为投影面,A、B 为空间点,由投射中心 S 发出的直线称为投射线,投射线 SA 和 SB 将分别与投影面 H 相交于点 a 和点 b,交点 a、b 即为空间点 A、B 在 H 面上的投影。投射线通过物体,向选定的投影面投射,并在该面上得到图形的方法称为投影法。

2.1.2　投影法的种类

投影法分为中心投影法和平行投影法。

1. 中心投影法

中心投影法的特点是投射线均交汇于投射中心 S(见图 2.2)。中心投影法主要用于绘制产品或建筑物等富有真实感的立体图,也称透视图。

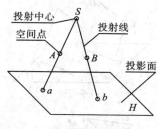

图 2.1　投影法

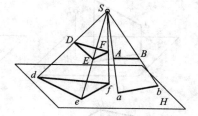

图 2.2　中心投影法

2. 平行投影法

将投射中心 S 移到离投影面无穷远处,则所有的投射线都可看做是相互平行的,这种投射线相互平行的投影方法,称为平行投影法。根据投射线与投影面是否垂直的相对位置关系,平行投影法又分为正投影法和斜投影法。

投射线垂直于投影面,称为正投影法,所得投影称为正投影,如图 2.3(a)所示;

投射线倾斜于投影面,称为斜投影法,所得投影称为斜投影,如图 2.3(b)所示。

正投影法主要用于绘制工程图样；斜投影法主要用于绘制有立体感的图形，如斜轴测图。

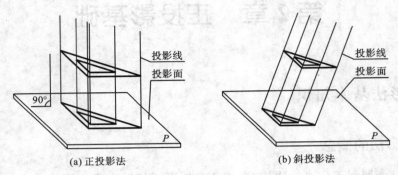

(a) 正投影法   (b) 斜投影法

图 2.3　平行投影法

2.1.3　正投影特性

（1）同素性　一般情况下，空间几何元素与其投影存在一一对应关系，即点的投影为点，直线的投影仍为直线，如图 2.4(a) 所示。

（2）从属性　属于直线上的点其投影一定在直线的投影上，如图 2.4(b) 所示。

（3）平行性　空间两平行直线其投影仍相互平行，如图 2.4(c) 所示。

（4）类似性　当直线和平面与投影面倾斜时，直线的投影为直线，平面多边形的投影仍为多边形，其边数不会改变，如图 2.4(d) 所示。

（5）积聚性　当直线和平面垂直于投影面时，直线的投影积聚为点，平面的投影积聚成直线，如图 2.4(e) 所示。

（6）显实性　当直线和平面平行于投影面时，直线的投影反映实长，平面的投影反映实形，如图 2.4(f) 所示。

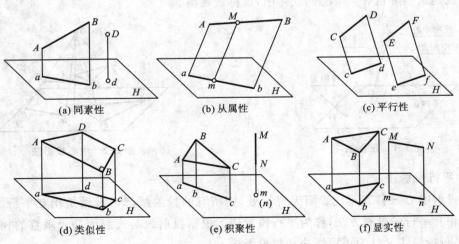

(a) 同素性   (b) 从属性   (c) 平行性

(d) 类似性   (e) 积聚性   (f) 显实性

图 2.4　正投影特性

2.2　点的投影

2.2.1　三面投影体系的形成

组成物体的基本元素是点、线、面。要唯一确定空间几何元素或物体的形状和大小,必须采用多面正投影的方法。

通常选用三个互相垂直的投影面(XOZ、XOY、YOZ),它们将空间分为八个分角,每个部分为一个分角,其顺序如图 2.5(a)所示。我国采用第一分角画法,美、日等国家采用第三分角画法。在第一分角建立的投影体系中,三个投影面 XOZ、XOY、YOZ 分别称为正立投影面 V、水平投影面 H 和侧立投影面 W,两两相互垂直的交线 OX、OY、OZ 称为投影轴线,简称 X 轴、Y 轴和 Z 轴,如图 2.5(b)所示。在度量物体的尺寸时,X 轴对应其长度尺寸,Y 轴对应宽度尺寸,Z 轴则对应高度尺寸,若被测几何元素为点,则对应于点的坐标(X,Y,Z)。

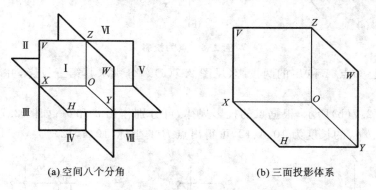

(a)空间八个分角　　　　　　(b)三面投影体系

图 2.5　正投影体系

画投影图时需要将三个投影面展开到同一个平面上,展开的方法是 V 面不动,H 面和 W 面分别绕 OX 轴和 OZ 轴向下和向右旋转 90°,与 V 面在同一平面上。

2.2.2　点的三面投影

1. 点的直角坐标与三面投影

空间任意一点只要给出一组坐标值(X,Y,Z)就可确定该点相对于三个投影面的位置;反之,只要知道点在三个投影面的位置就可以求得点的坐标。一般规定空间点用大写字母表示,如 A、B、C 等;水平投影用相应的小写字母表示,如 a、b、c 等;正面投影用相应的小写字母加撇表示,如 a'、b'、c';侧面投影用相应的小写字母加两撇表示,如 a''、b''、c''(见图 2.6(a))。

2. 点的投影规律

三投影面体系展开后,点的三个投影在同一平面内,得到了点的三面投影图。应注意的是:此时 Y 轴旋转后一分为二,即 Y_H 和 Y_W,出现了两个位置,但坐标值相同(见图 2.6(b)),其投影规律如下。

(1) 点的正面投影和水平投影的连线垂直于 OX 轴,即 $aa' \perp OX$;点的正面投影和侧面投影的连线垂直于 OZ 轴,即 $a'a'' \perp OZ$;同时 $aa_{Y_H} \perp OY_H$,$a''a_{Y_W} \perp OY_W$。

(2) 点的投影到投影轴的距离与空间点坐标值 (X,Y,Z) 的关系,即

$a'a_Z = Aa'' = aa_{Y_H} = X$ 坐标;$aa_X = Aa' = a''a_Z = Y$ 坐标;$a'a_X = Aa = a''a_{Y_W} = Z$ 坐标。

为了保证点的水平投影和侧面投影的 Y 坐标相等,可以利用 $45°$ 角平分线来实现,其方法如图 2.6(c)所示。

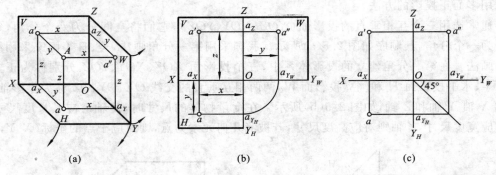

图 2.6 点的投影

例 2.1 已知点 A 和 B 的两投影(见图 2.7(a)),分别求其第三投影,并求出点 B 的坐标。

解 如图 2.7(b)所示,根据点的投影规律,可分别作出 a 和 b'';如图 2.7(c)所示,分别量取 $b'b_Z$、bb_X、$b'b_X$ 的长度为 10、4、12,可得出点 B 的坐标(10,4,12)。

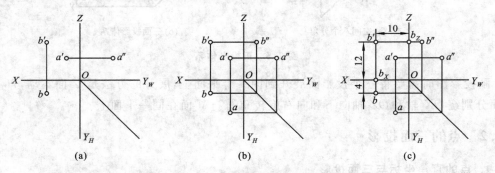

图 2.7 已知点的两面投影求第三投影

2.2.3 点的相对位置

空间的相对位置关系有上下、左右和前后六个方位,要判断空间两点的相对位置必须分析同一投影图上两点的坐标关系。

根据 X 坐标值的大小可以判断两点的左右位置;

根据 Y 坐标值的大小可以判断两点的前后位置;

根据 Z 坐标值的大小可以判断两点的上下位置。

如图 2.7(c)所示,点 A 的 X 和 Z 坐标均小于点 B 的相应坐标,而点 A 的 Y 坐标大于

点 B 的 Y 坐标,因而,点 A 在点 B 的右方、下方、前方。

如图 2.8(a)中可见 A、B 两点的坐标差分别为 $\Delta X=9$ mm,$\Delta Y=5$ mm,$\Delta Z=8$ mm,则两点的空间位置关系为:点 B 在点 A 的右方、上方、后方(见图 2.8(b))。

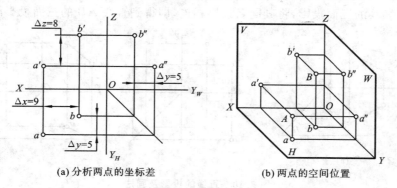

(a) 分析两点的坐标差　　　　　(b) 两点的空间位置

图 2.8　两点的相对位置

如果两个点的任意两个坐标值相等,就会在相应的投影面上产生重影。如图 2.9 所示,点 A 和点 B 称为对 H 面投影的重影点。同理,若一点在另一点的正前方或正后方时,则两点是对 V 面投影的重影点;若一点在另一点的正左方或正右方时,则两点是对 W 面投影的重影点。

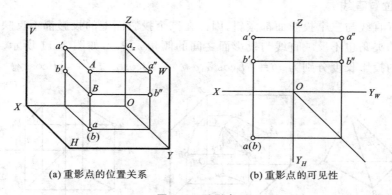

(a) 重影点的位置关系　　　　　(b) 重影点的可见性

图 2.9　重影点

出现重影时,需要判别两点的可见性。根据正投影特性,可见性的区分规则为前遮后、上遮下、左遮右;规定画法是在产生重影的投影面上要将不可见点的投影加括号表示。图 2.9(b)中的重影点在 H 面上,可见性的判断:由两点的正面投影可知应是点 A 遮挡点 B,点 B 的水平投影不可见,标记为(b)。

2.3　直线的投影

2.3.1　直线的三面投影

任意两个点可以确定一条直线,因此直线的投影可由属于该直线的两点的投影来确定。

一般情况下，直线的投影仍是直线，如图 2.10(a)中的直线 *AB*。在特殊情况下，若直线垂直于投影面，直线的投影可积聚为一点，如图 2.10(a)中的直线 *CD*。

直线投影的画法可由直线上两点的同名投影连接得到。如图 2.10(b)所示，分别作出直线上两点 *A*、*B* 的三面投影，将其同名投影相连，即得到直线 *AB* 的三面投影图。

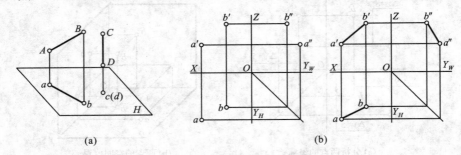

图 2.10　直线的投影及画法

2.3.2　直线对投影面的相对位置及投影特性

直线对投影面的相对位置可以分为三种：投影面倾斜线、投影面平行线、投影面垂直线。前一种为投影面一般位置直线，后两种为投影面特殊位置直线。

1. 一般位置直线

一般位置直线与三个投影面都倾斜，因此在三个投影面上的投影都不反映实长，投影与投影轴之间的夹角也不反映直线与投影面之间的倾角 α、β、γ，如图 2.11 所示。直线 *AB* 在三投影面上的投影长度分别为 $ab = AB\cos\alpha$，$a'b' = AB\cos\beta$，$a''b'' = AB\cos\gamma$。

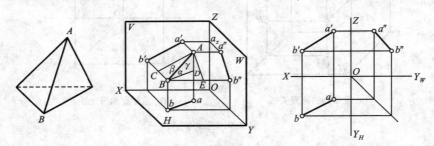

图 2.11　一般位置直线的投影及画法

2. 投影面平行线

与一个投影面平行，而倾斜于另外两个投影面的直线称为投影面平行线。与 *V* 面平行的直线称为正平线，与 *H* 面平行的直线称为水平线，与 *W* 面平行的直线称为侧平线。

以正平线 *BC* 为例讨论其投影特性。正平线平行于 *V* 投影面，因此直线 *BC* 与 *V* 面的夹角 $\beta = 0$，直线上的所有点到 *V* 面的距离相等，即 *Y* 坐标相等，其特性为：

（1）正面投影反映实长，与 *X* 轴夹角为 α，与 *Z* 轴夹角为 γ；

（2）水平投影平行于 *X* 轴；

（3）侧面投影平行于 *Z* 轴。

投影面平行线的投影图及投影特性见表 2.1。

表 2.1　投影面平行线的投影特性

名　称	水　平　线	正　平　线	侧　平　线
立体图	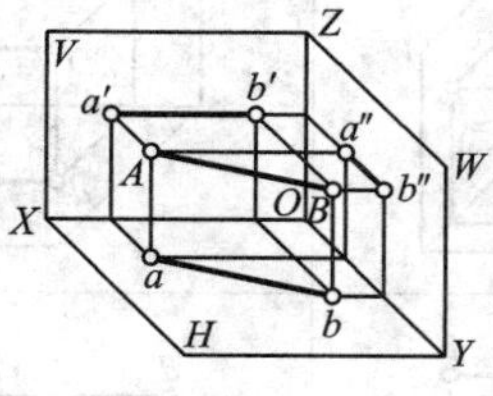	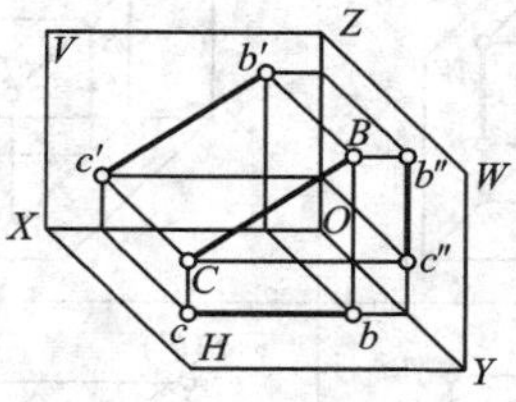	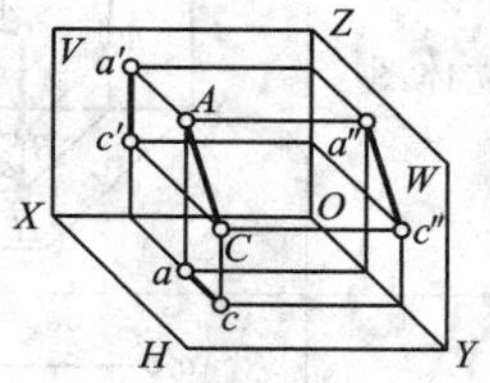
投影图	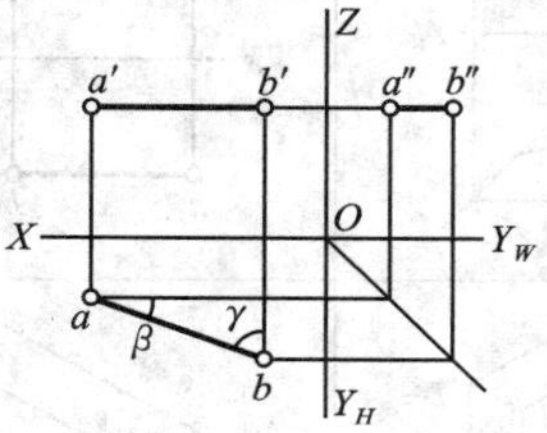	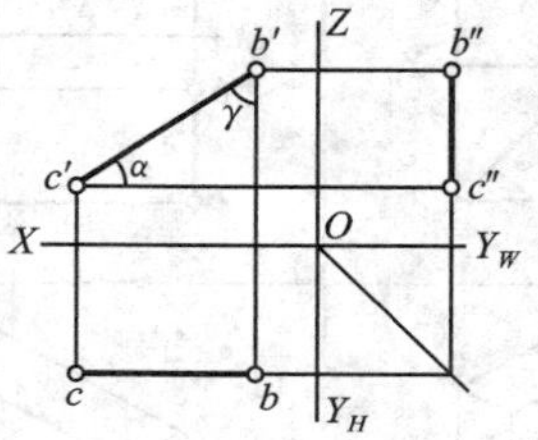	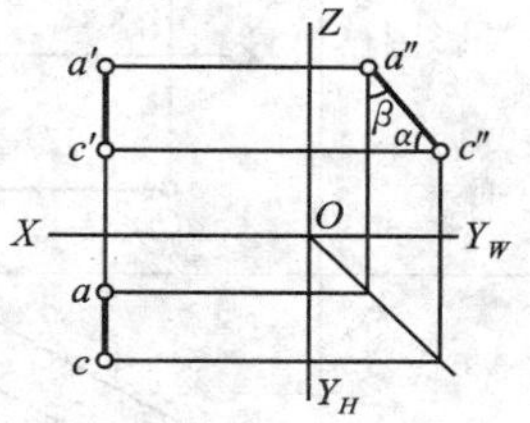
实例	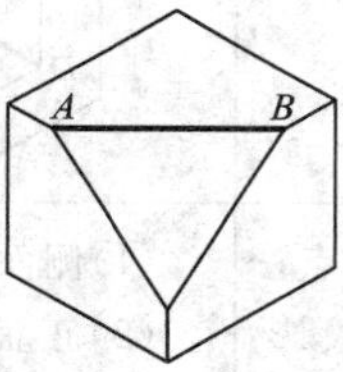	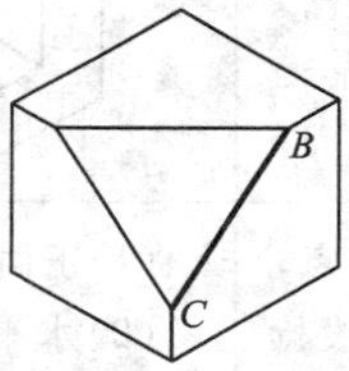	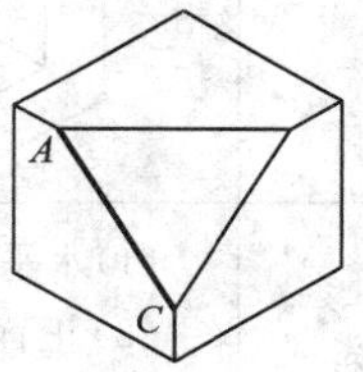
投影特性	(1)水平投影反映实长,与 X 轴夹角为 β,与 Y_H 轴夹角为 γ; (2)正面投影平行于 X 轴; (3)侧面投影平行于 Y 轴	(1)正面投影反映实长,与 X 轴夹角为 α,与 Z 轴夹角为 γ; (2)水平投影平行于 X 轴; (3)侧面投影平行于 Z 轴	(1)侧面投影反映实长,与 Y_W 轴夹角为 α,与 Z 轴夹角为 β; (2)正面投影平行于 Z 轴; (3)水平投影平行于 Y 轴

3. 投影面垂直线

与投影面垂直的直线称为投影面垂直线,它与一个投影面垂直,必与另外两个投影面平行。与 H 面垂直的直线称为铅垂线,与 V 面垂直的直线称为正垂线,与 W 面垂直的直线称为侧垂线。

以铅垂线 AB 为例讨论其投影特性。铅垂线 AB 垂直于 H 面,必同时平行于 V 面和 W 面,其特性为:

(1) 水平投影积聚为一点;

(2) 正面投影和侧面投影都平行于 Z 轴,并反映实长。

投影面垂直线的投影图及投影特性见表 2.2。

表 2.2　投影面垂直线的投影特性

名　称	铅　垂　线	正　垂　线	侧　垂　线
立体图			
投影图			
实例			
投影特性	(1)水平投影积聚为一点； (2)正面投影和侧面投影都平行于 Z 轴,并反映实长	(1)正面投影积聚为一点； (2)水平投影和侧面投影都平行于 Y 轴,并反映实长	(1)侧面投影积聚为一点； (2)正面投影和水平投影都平行于 X 轴,并反映实长

2.3.3　直线上的点

直线 AB 上的任一点 K 有以下投影特性。

(1) 直线上点的投影必定在该直线的同名投影上；反之,若点的各投影均属于直线的各同名投影,则点必属于该直线。如图 2.12 所示,点 K 必在直线 AB 上,点 D 则不在直线 AB 上。

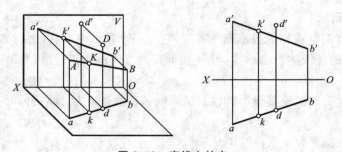

图 2.12　直线上的点

(2) 属于直线段的点,分割线段的长度比投影后保持不变。图中点 K 属于直线 AB,此

时有 $AK:KB=ak:kb=a'k':k'b'=a''k'':k''b''$。

例 2.2　如图 2.13(a)所示,试判断点 C、点 D 是否属于直线 AB。

解　方法一:求出直线 AB 和点 C、点 D 的第三面投影,然后判断点是否在直线上(见图 2.13(b))。

方法二:用定比分割线段的特性来判断(见图 2.13(c))。

结论:点 C 不在直线 AB 上,点 D 属于直线 AB。

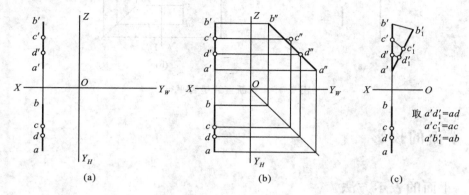

图 2.13　直线上的点

2.3.4　两直线的相对位置

两直线的相对位置有三种情况:平行、相交和交叉(见图 2.14),平行和相交情况属于共面直线,交叉属于异面直线。其投影特性为:

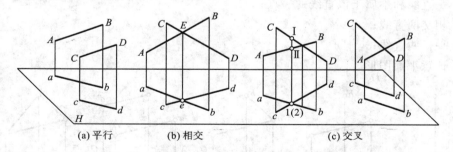

图 2.14　两直线的相对位置

(1) 平行两直线的各面投影必相互平行(见图 2.14(a));

(2) 相交两直线的交点为共有点,其投影同属于两直线的投影,如图 2.14(b)所示的点 E 即为公共点;

(3) 交叉两直线既不平行也不相交,不存在公共点。如图 2.14(c)所示,在投影图中有相交情况,但其交点不是共有点,是重影点,如点 Ⅰ、点 Ⅱ 在 H 面的投影。重影点必须判别可见性,根据点的投影来判断。

例 2.3　如图 2.15(a)所示,试判断直线 AB、CD 是否平行。

解　方法一:求出直线 AB 和 CD 的第三面投影,然后判断是否平行(见图 2.15(b))。

方法二:从字母顺序判别是否平行。图中水平投影 a、d 同侧而正立投影中 a'、c' 同侧。

结论：直线 AB 与 CD 不平行。

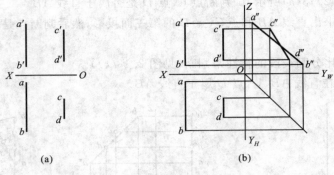

(a)　　　　　(b)

图 2.15　判断直线是否平行

2.4　平面的投影

2.4.1　平面的表示方法

1. 用几何元素表示平面

由初等几何可知，不属于同一直线的三点确定一平面。因此，可由下列任意一组几何元素的投影表示平面（见图 2.16）：

（1）不在同一直线上的三个点；

（2）一直线和不属于该直线的一点；

（3）相交两直线；

（4）平行两直线；

（5）任意平面图形。

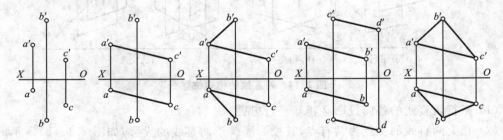

图 2.16　平面表示法

2. 用平面迹线表示

平面与投影面的交线称为平面的迹线。如图 2.17 所示，现有一平面 P 与 H 面的交线称为水平迹线，用 P_H 表示；与 V 面的交线称为正面迹线，用 P_V 表示；与 W 面的交线称侧面迹线，用 P_W 表示。平面 P 与轴线的交点称为集合点，分别以 P_X、P_Y、P_Z 来表示。

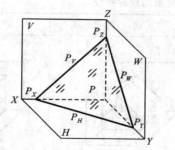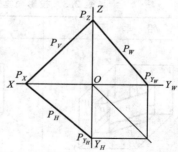

图 2.17　平面的迹线

2.4.2　平面对投影面的相对位置及投影特性

平面和投影面的相对位置关系与直线和投影面的相对位置关系相同，可以分为三种：投影面倾斜面、投影面平行面、投影面垂直面。前一种为投影面一般位置平面，后两种为投影面特殊位置平面。

1. 一般位置平面

一般位置平面与三个投影面都倾斜，因此在三个投影面上的投影都不反映实形，而是缩小了的类似形，如图 2.18 所示。

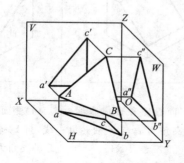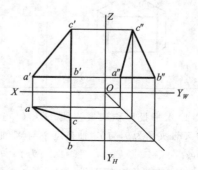

图 2.18　一般位置平面

2. 投影面垂直面

投影面垂直面是垂直于一个投影面，并与另外两个投影面倾斜的平面。与 H 面垂直的平面称为铅垂面，与 V 面垂直的平面称为正垂面，与 W 面垂直的平面称为侧垂面。以铅垂面为例，讨论投影面垂直面的投影特性有：

（1）水平投影积聚成直线，与 X 轴夹角为 β，与 Y 轴夹角为 γ；

（2）正面投影和侧面投影具有类似性。

投影面垂直面的投影图及投影特性见表 2.3。

表 2.3　投影面垂直面的投影特性

名　称	铅　垂　面	正　垂　面	侧　垂　面
立体图	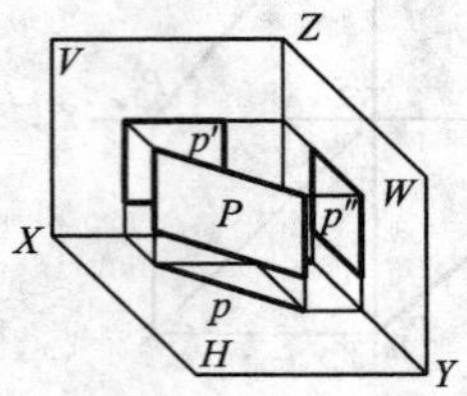	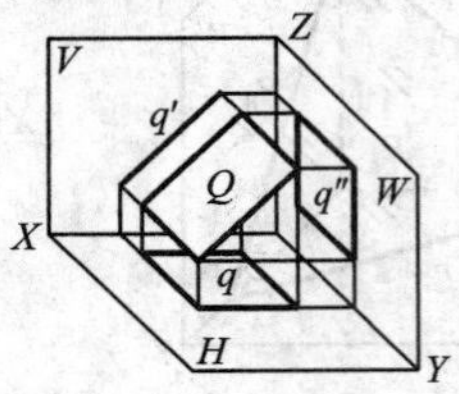 	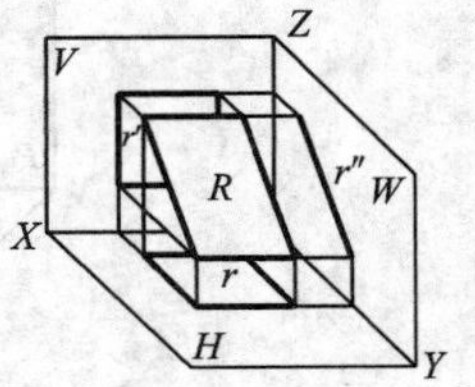 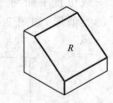
投影图	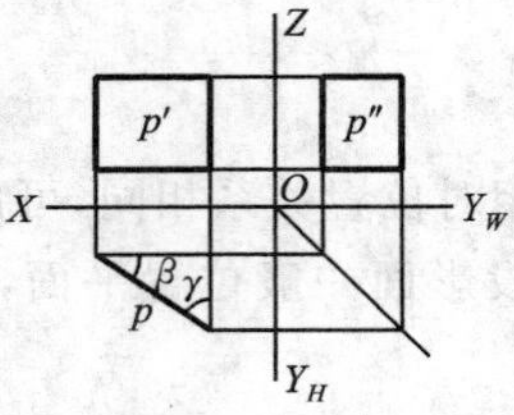	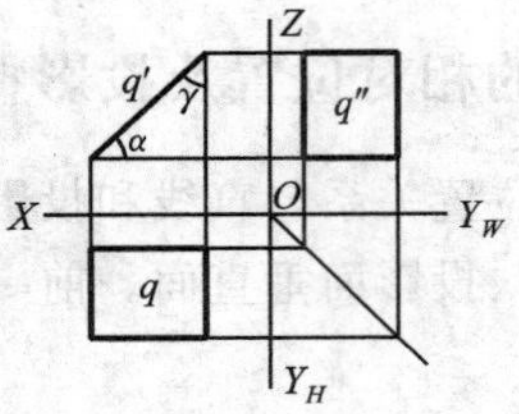	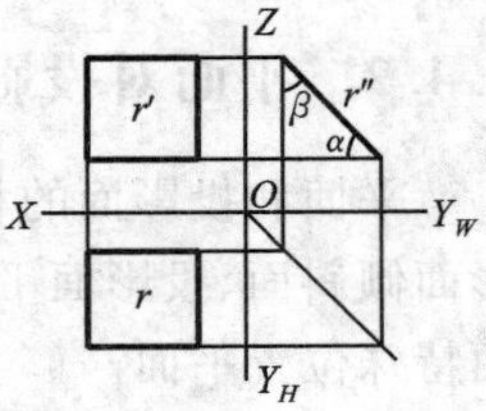
实例	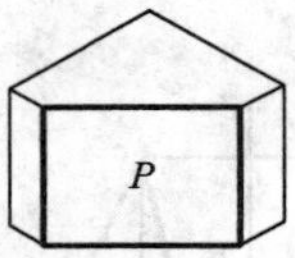		
投影特性	（1）水平投影积聚成直线，与 X 轴夹角为 β，与 Y_H 轴夹角为 γ； （2）正面投影和侧面投影具有类似性	（1）正面投影积聚成直线，与 X 轴夹角为 α，与 Z 轴夹角为 γ； （2）水平投影和侧面投影具有类似性	（1）侧面投影积聚成直线，与 Y_W 轴夹角为 α，与 Z 轴夹角为 β； （2）正面投影和水平投影具有类似性

3. 投影面平行面

投影面平行面是平行于一个投影面，必同时与另外两个投影面相垂直的平面。与 H 面平行的平面称为水平面，与 V 面平行的平面称为正平面，与 W 面平行的平面称为侧平面。以正平面为例，讨论投影面平行面的投影特性有：

（1）正面投影反映实形；

（2）水平投影积聚成平行于 X 轴的直线；

（3）侧面投影积聚成平行于 Z 轴的直线。

投影面平行面的投影图及投影特性见表 2.4。

表 2.4　投影面平行面的投影特性

名　称	水　平　面	正　平　面	侧　平　面
立体图			
投影图			
实例			
投影特性	(1)水平投影反映实形； (2)正面投影积聚成平行于 X 轴的直线； (3)侧面投影积聚成平行于 Y_W 轴的直线	(1)正面投影反映实形； (2)水平投影积聚成平行于 X 轴的直线； (3)侧面投影积聚成平行于 Z 轴的直线	(1)侧面投影反映实形； (2)正面投影积聚成平行于 Z 轴的直线； (3)水平投影积聚成平行于 Y_H 轴的直线

2.4.3　平面上的点和线

如图 2.19 所示，点和直线在平面内的几何条件是：

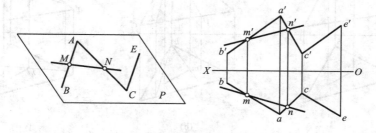

图 2.19　属于平面上的点和直线

（1）若点从属于平面内的任一直线，则点从属于该平面；

（2）若直线通过属于平面的两个点，或经过平面内的任一个点且平行于平面内的任一直线，则该直线必属于此平面。

例 2.4 已知点 K 属于平面 $\triangle ABC$，k 为其水平投影，求正面投影 k'（见图 2.20(a)）。

解 点 K 属于平面，则必属于平面内的任一直线，通过水平投影 k 作一辅助线属于平面，求出直线的正面投影，再求出点 K 的正面投影。辅助线一般容易求出，是已知直线。作图步骤如图 2.20(b)所示。

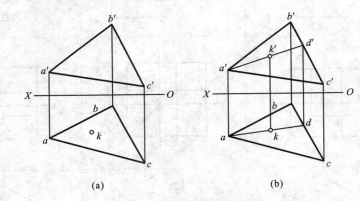

(a)　　　　　　　　(b)

图 2.20　求平面上的点

例 2.5 如图 2.21(a)所示，试判断直线 MN 是否在平面 $\triangle ABC$ 上。

解 若直线属于平面，则直线上的所有点必在平面上。

方法一：假设直线 MN 在平面上，取其一面投影过点 M 和点 N 作属于平面的两条直线，求出两直线的另一面投影，看点 M 和点 N 的另一面投影是否都在所求的直线投影上，从而判断直线是否属于平面（见图 2.21(b)）。

方法二：假设直线 MN 在平面上，取其一面投影过直线 MN 作一条属于平面的直线，求出该直线的另一面投影，看点 M 和点 N 的另一面投影是否都在该直线的投影上，从而判断直线是否属于平面（见图 2.21(c)）。

结论：点 N 不在属于平面的直线上，故直线 MN 不属于该平面。

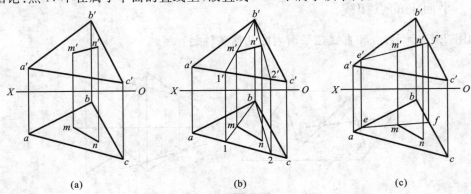

(a)　　　　　　　　(b)　　　　　　　　(c)

图 2.21　判断直线是否属于平面

2.4.4　直线与平面、平面与平面的相对位置

直线与平面、平面与平面的相对位置关系有平行和相交两种情况。垂直相交是相交中的特殊情况,本书只讨论特殊位置情况垂直相交的图解方法。

1. 平行的相互位置关系

1) 直线与平面平行

判定定理:若一直线平行于属于平面的一条直线,则直线与该平面平行;反之,若直线平行于平面,则通过属于该平面内的任一点必能找到属于平面的一条直线与已知直线平行。

例 2.6　如图 2.22(a)所示,试判断直线 MN 是否平行于平面△ABC。

解　运用判定定理,假设直线 MN//平面△ABC,则必能在平面上找到一条直线平行于直线 MN。

步骤:如图 2.22(b)所示,在平面△ABC 内,作直线 BD,使 $b'd'$//$m'n'$,求出 BD 的水平投影 bd,因为 bd 不平行于 mn,所以直线 MN 不平行于平面△ABC。

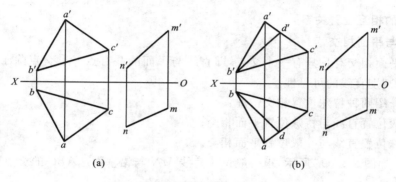

图 2.22　判断直线是否平行于平面

2) 平面与平面平行

判定定理:若一个平面内的两相交直线对应平行于另一个平面内的相交两直线,则这两个平面平行,如图 2.23 所示。

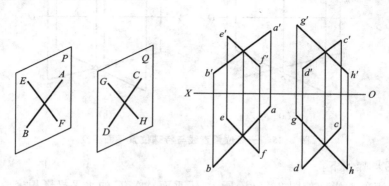

图 2.23　两平面平行

例 2.7　如图 2.24(a)所示,过定点 K 作平面平行于由平行线 AB 和 CD 确定的平面。

解 如图 2.24(b)所示,运用判定定理,过定点 K 作一对相交直线平行于由平行线 AB 和 CD 确定的平面,由于直线 AB 和 CD 是平行线,不是相交直线,因此先作直线 MN 与两平行直线相交,再过定点 K 作一对直线 GH 和 EF 分别平行于直线 MN 和 AB。

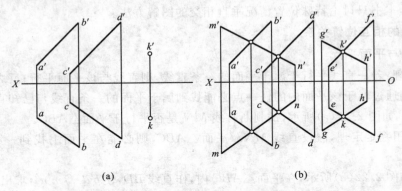

(a)   (b)

图 2.24 过点 K 作平面平行于已知平面

2. 相交的相互位置关系

1)直线与平面相交

直线与平面相交有且只有一个交点,即直线与平面的共有点。求交点除了要求出交点的投影,还要判别直线的可见性。

这里只介绍两种特殊位置相交情况:

一是一般位置直线与特殊位置平面相交;

二是特殊位置直线与一般位置平面相交。

例 2.8 如图 2.25(a)所示,求一般位置直线 MN 与铅垂面 $\triangle ABC$ 的交点。

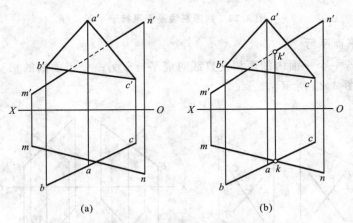

(a)   (b)

图 2.25 一般位置直线与特殊位置平面相交

解 作图步骤如下。

(1)求交点的投影。如图 2.25(b)所示,铅垂面 $\triangle ABC$ 的水平投影积聚成一直线,所以直线 MN 和平面的交点 K 的水平投影就是水平面的交点 k,求出 k'。

(2)判别可见性。交点是可见与不可见的分界点,利用有积聚性的投影来判断其他投影图的可见性。从水平投影看出 KN 在平面△ABC 的前面,因此直线的正面投影 $k'n'$ 可见,可见部分画成实线,不可见部分画虚线,分界点是交点 K。

例 2.9　如图 2.26(a)所示,求铅垂线 EF 与一般位置平面△ABC 的交点。

解　作图步骤如下。

(1) 求交点的投影。如图 2.26(b)所示,铅垂线 EF 的水平投影积聚成一点 $e(f)$,即为直线 EF 和平面的交点 K 的水平投影 k,是重影点,过点作属于平面的辅助线及其正面投影,求出 k'。

(2) 判别可见性。利用有积聚性的投影来判断其他投影图的可见性。从水平投影看出平面△ABC 的边 ac 在 KF 的前面,因此直线的正面投影 $k'f'$ 不可见,可见部分画成实线,不可见部分画虚线,分界点是交点 K。

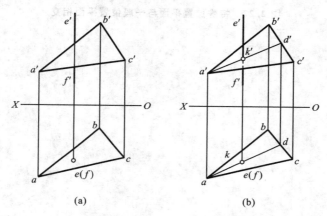

(a)　　　　　　　　(b)

图 2.26　特殊位置直线与一般位置平面相交

2)平面与平面相交

平面与平面相交为一直线,即两个相交平面的共有线,交线上的点是两平面的共有点,只要确定两个共有点,就可以作出两平面的交线。同样也要判别平面的可见性。

这里只介绍特殊位置相交情况:一般位置平面与特殊位置平面相交,两个特殊位置平面相交的情况读者参考前者可以自行作图求得交线并判别其可见性。

例 2.10　如图 2.27(a)所示,求铅垂面△DEF 与一般位置平面△ABC 的交线。

解　作图步骤如下。

(1) 求两平面交线的共有点的投影。如图 2.27(b)所示,铅垂面△DEF 的水平投影积聚成一直线 ef,其为两平面交线的水平投影 kl 所在的直线,由属于平面上的点的投影可以求出交线的正面投影 $k'l'$。

(2) 判别可见性。利用有积聚性的投影来判断其他投影图的可见性。从水平投影看出平面△ABC 的边 ab 在交线 KL 的前面,因此平面 $ABLK$ 部分的正面投影可见,可见部分画成实线,不可见部分画虚线,分界线是交线 KL(见图 2.27(c))。

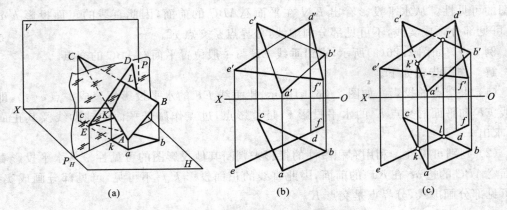

(a)　　　　　　　　(b)　　　　　　　　(c)

图 2.27　特殊位置平面与一般位置平面相交

第3章 基本立体

3.1 三视图的形成和相互关系

3.1.1 三视图的形成

一般情况下,物体的一个投影不能确定其形状,要反映物体的完整形状,必须增加由不同投射方向得到的投影图,才能将物体表达清楚。工程上常用三投影面体系来表达简单物体的形状。

如图 3.1(a)所示,将物体置于第一分角内,并使它处于观察者与投影面之间进行投射,然后按规定展开投影面,所得到的多面正投影的方法,称为第一角画法。在工程图样中,根据有关标准绘制的多面正投影图称为视图。在三投影面体系中,物体的三面视图是国家标准规定的基本视图中的三个,规定的名称是:

主视图——由前向后投射,在正面(V)上所得的视图;

俯视图——由上向下投射,在水平面(H)上所得的视图;

左视图——由左向右投射,在侧面(W)上所得的视图。

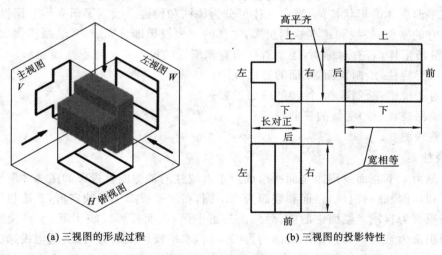

(a) 三视图的形成过程　　　　　　　　(b) 三视图的投影特性

图 3.1　三视图的形成及其特性

3.1.2 三视图的相互关系

从三视图的形成可以看出它们之间的位置关系:俯视图在主视图的正下方;左视图在主视图的正右方。按此位置配置的三视图,不需注写其名称。

物体有长、宽、高三个方向的尺寸,通常规定:物体左右之间的距离为长(X);前后之间的距离为宽(Y);上下之间的距离为高(Z)。从图 3.1(b)可看出,一个视图只能反映物体两个方向的尺寸。主视图反映物体的长和高;俯视图反映物体的长和宽;左视图反映物体的宽和高。由此可归纳得出三视图之间的投影对应关系:

主、俯视图长度相等,并且其投影在长度方向上对正;

主、左视图高度相等,并且其投影在高度方向上平齐;

俯、左视图宽度相等,并且其投影在宽度方向上相等。

从图 3.1(b)还可以看出三个视图的方位关系:主视图和俯视图都有左右方向;主视图和左视图都有上下方向;俯视图和左视图都有前、后方向。每个视图对应四个方位,且它们之间满足"长对正、高平齐、宽相等"的投射规律。

3.2 基本立体三视图

任何立体都由围成它的各个表面确定其范围及形状。按其表面几何性质的不同,立体可分两类:平面立体和曲面立体。表面由平面围成的立体称为平面立体,如棱柱、棱锥等;表面由曲面或曲面与平面围成的立体称为曲面立体。若曲面立体的表面是回转曲面则称为回转体,如圆柱、圆锥和球等。

3.2.1 平面体的三视图及表面上的点和线

1. 平面立体的三视图

根据平面立体的形状特征,平面立体可分为棱柱和棱锥。绘制平面立体三面投影时,只要将组成它的平面、棱线和顶点绘制出来,立体的三面投影即可完成,其绘制步骤如下:

(1)分析形体,若有对称面,绘制对称面有积聚性的投影——用点画线表示;

(2)对于棱柱,绘制顶面、底面的三面投影;

(3)对于棱锥,绘制底面、锥顶的三面投影;

(4)绘制棱柱(锥)棱线的三面投影;

(5)整理图线。

1)棱柱

棱柱是由上下底面及周边棱面所组成。正六棱柱的轴测图及投影如图 3.2 所示。它由六个棱面和顶面、底面组成,顶面和底面为水平面,在水平投影上反映实形,正面投影和侧面投影分别积聚为直线。棱面中的前、后两面为正平面,正面投影反映实形,水平投影和侧面投影分别积聚为直线。其余四个棱面均为铅垂面,水平投影积聚为直线,其他投影为小于实形的四边形。正六棱柱在前后、左右方向对称。前后的对称面为正平面,左右的对称面为侧平面,分别作出它们有积聚性的投影,用点画线表示。

2)棱锥

棱锥是由底面、周边锥面和锥顶组成。正三棱锥的轴测图及投影如图 3.3 所示。它的底面为一水平面,水平投影反映实形,其他两投影积聚为直线。后棱面为侧垂面,在侧面投影上积聚成直线,其他两投影为不反映实形的三角形。前两棱面为一般位置平面,所以在三面投影上既没有积聚性,也不反映实形。

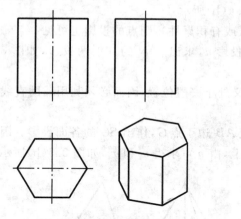

图 3.2　正六棱柱的投影

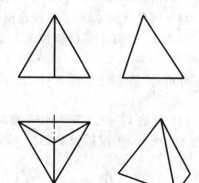

图 3.3　正三棱锥的投影

2. 平面立体的表面取点

由于平面立体的表面均为平面,故立体表面取点可用第 2 章中平面上取点的方法来解决。

组成立体的平面有特殊位置平面,也有一般位置平面,特殊位置平面上点的投影可利用平面积聚性作图,一般位置平面上点的投影可选取适当的辅助直线作图。因此,作图时,首先要分析点所在平面的投影特性。

例 3.1　如图 3.4(a)所示,已知正六棱柱棱面上点 M 的水平投影 m,点 N 的正面投影 n',分别求出其另外两个投影,并判别其可见性。

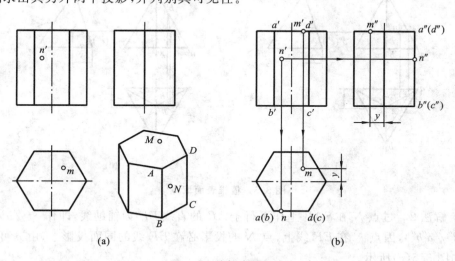

图 3.4　棱柱表面取点

分析:由于 n' 可见,故点 N 在棱面 $ABCD$ 上,此面为正平面,水平投影有积聚性,n 必在面 $ABCD$ 有积聚性的投影 $ad(b)(c)$ 上。按照投影规律,由 n' 可求得 n,再根据 n' 和 n 求得 n''。

因为 m 可见,所以点 m 在顶面上,棱柱顶面为水平面,正面投影和侧面投影都有积聚性,所以,由 m 可求得 m' 和 m''。作图过程如图 3.4(b)所示。

判别可见性的原则:若点所在面的投影可见(或有积聚性),则点的投影也可见。

例 3.2 已知正三棱锥棱面上点 N 的水平投影 n,求出点 N 的其他两投影,如图 3.5 (a)所示。

分析:点 N 位于棱面 SAB 上,而棱面 SAB 又处于一般位置,因而必须利用辅助直线作图。

(1)解法 1 过点 S、N 作一辅助直线 SN 交 AB 边于点 G,作出 SG 的各面投影。因点 N 在 SG 线上,点 N 的投影必在 SG 的同面投影上,由 n 可求得 n' 和 n'',如图 3.5(b)所示。

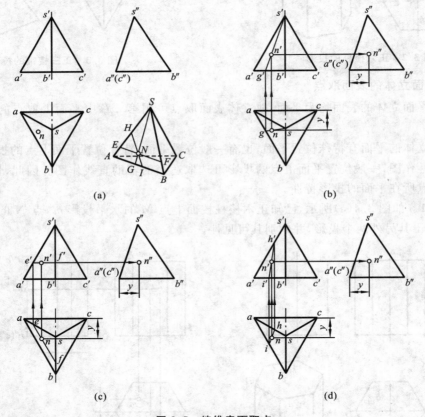

(a)   (b)

(c)   (d)

图 3.5 棱锥表面取点

(2)解法 2 过点 N 在 SAB 上作平行于 AB 的直线 EF 为辅助线,即作 $ef /\!/ ab$,$e'f' /\!/ a'b'$($e''f'' /\!/ a''b''$),因点 N 在 EF 线上,点 N 的投影必在 EF 线的同面投影上,由 n 可求得 n' 和 n'',如图 3.5(c)所示。

(3)解法 3 过点 N 在 SAB 上作任意直线 HI 分别交 SA、AB 于 H、I 两点,作出 HI 的各投影。因点 N 在 HI 直线上,点 N 的投影必在 HI 的同面投影上,由 n 可求得 n' 和 n'',如图 3.5(d)所示。

判别可见性:棱面 SAB 在 H、W 两投影面上均可见,故点 N 在其两投影面上的投影也可见。

3.2.2　回转体的三视图及表面上的点和线

回转体是由单一回转面或回转面和平面围成的立体。回转面是由一动线绕与它共面的一条定直线旋转一周而形成的。这条动线称为回转面的母线，母线在回转过程中的任意位置称为素线，与其共面的定直线称为回转面的轴线。

组成回转体的基本面是回转面，在绘制回转面的投影时，首先用点画线画出轴线的投影，然后分别画出其相对于某一投射方向转向线的投影。所谓转向线是回转面在该投射方向上可见部分与不可见部分的分界线，其投影称为轮廓线。因此，常见回转体的三面投影的作图过程如下：

（1）分析形体，找出对称面，绘制对称面有积聚性的投影和轴线的投影——用点画线表示；

（2）对于圆柱，绘制顶面、底面的三面投影；

（3）对于圆锥，绘制底面和锥顶的三面投影；

（4）绘制相对于某一投射方向转向线的投影；

（5）整理图线。

1. 常见回转体的三视图

1）圆柱

圆柱表面有圆柱面、顶面和底面。圆柱面由直线绕与它相平行的轴线旋转而成。

如图 3.6(a)所示，当轴线为铅垂线时，圆柱面上所有素线都是铅垂线，圆柱面的水平投影积聚成一个圆，圆柱面上的点和线的水平投影都积聚在这个圆上。圆柱的顶面和底面是水平面，它们的水平投影反映实形，互相重合。

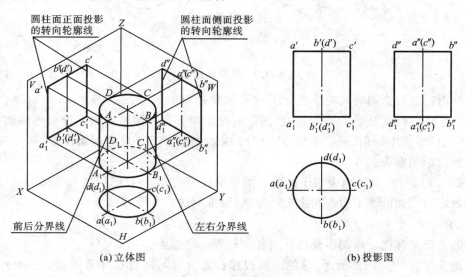

(a) 立体图　　　　　　　　　　　(b) 投影图

图 3.6　圆柱的投影

圆柱的顶面、底面的正面投影都分别积聚成直线；圆柱的轴线和素线的正面投影、侧面投影仍是铅垂线,用点画线画出轴线的正面投影和侧面投影。圆柱的正面投影的左右两侧是圆柱面的正面投影的转向轮廓线 $a'a'_1$ 和 $c'c'_1$,它们分别是圆柱面上最左、最右素线 AA_1、CC_1 的正面投影;AA_1 和 CC_1 的侧面投影 $a''a''_1$ 和 $c''c''_1$ 则与轴线的侧面投影相重合。圆柱的侧面投影的前后两侧是圆柱面的侧面投影的转向轮廓线 $b''b''_1$ 和 $d''d''_1$,它们分别是圆柱面上最前、最后素线 BB_1 和 DD_1 的侧面投影;BB_1 和 DD_1 的正面投影 $b'b'_1$ 和 $d'd'_1$ 则与轴线的正面投影相重合。

2）圆锥

圆锥的表面有圆锥面和底面。圆锥面由直线绕与它相交的轴线旋转而成。

如图 3.7(a)所示,当圆锥的轴线为铅垂线时,底面的正面投影、侧面投影分别积聚成直线,水平投影反映它的实形——圆。

用点画线画出轴线的正面投影和侧面投影;在水平投影中,用点画线画出对称中心线,对称中心线的交点,既是轴线的水平投影,又是锥顶 S 的水平投影 s。

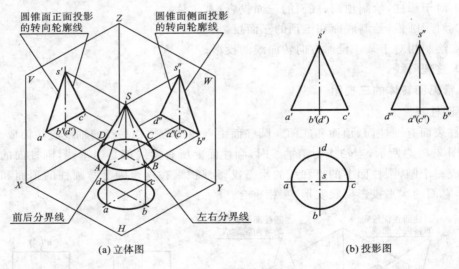

(a) 立体图   (b) 投影图

图 3.7 圆锥的投影

圆锥面正面投影的转向轮廓线 $s'a'$、$s'c'$ 是圆锥面上最左、最右素线 SA、SC 的正面投影;SA、SC 的侧面投影 $s''a''$、$s''c''$ 与轴线的侧面投影相重合。圆锥面侧面投影的转向轮廓线 $s''b''$、$s''d''$ 是圆锥面上最前、最后素线 SB、SD 的侧面投影;SB、SD 的正面投影 $s'b'$、$s'd'$,与轴线的正面投影相重合。

在图 3.7(b)中,清楚地表明了锥顶 S 的正面投影 s'、侧面投影 s'' 和水平投影 s。圆锥面的水平投影与底面的水平投影相重合。显然,圆锥面的三个投影都没有积聚性。

3）球

球的表面是球面。球面由圆以其直径为轴线旋转而成。

如图 3.8(a)中的图形所示,球的三面投影都是直径与球直径相等的圆,它们分别是这个球面的三个投影的转向轮廓线。正面投影的转向轮廓线是球面上平行于正面的大圆(前后半球面的分界线)的正面投影;水平投影的转向轮廓线是球面上平行于水平面的大圆(上下半球面的分界线）的水平投影；侧面投影的转向轮廓线是球面上平行于侧面的大圆（左右半球面的分界线）的侧面投影。在球的三面投影中，应分别用点画线画出对称中心线，对称中心线的交点是球心的投影。

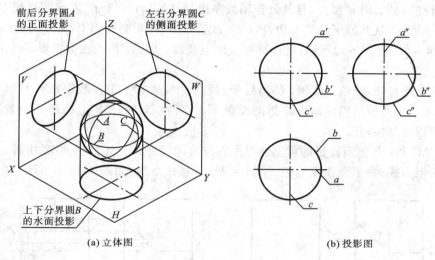

图 3.8　球的投影

2. 常见回转体表面取点、取线

回转体由回转面（如圆球等）或由回转面和平面组成（如圆柱、圆锥等），当求回转面上点的投影时，应首先分析回转面的投影特性，若其投影有积聚性，可利用积聚性法求解；若回转面没有积聚性，则需用辅助素线法或辅助圆法求解。

1）积聚性法

例 3.3　如图 3.9（a）所示，已知点 A、B 的正面投影 a' 和 b'，求其余两投影。

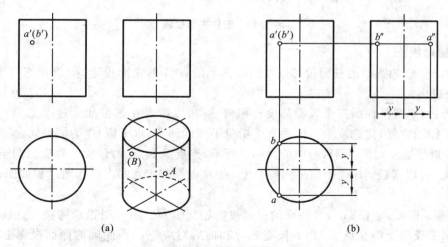

图 3.9　圆柱表面取点

分析：图示的圆柱，由于圆柱面上的每一条素线都垂直于水平面，水平投影有积聚性，故凡是在圆柱面上的点,其水平投影一定在圆柱有积聚性的水平投影(圆)上。已知圆柱面上点 A 的正面投影 a',其水平投影 a 必定在圆柱的水平投影(圆)上,再由 a' 和 a,可求得 a''。用同样的方法可先求点 B 的水平投影 b,再由 b' 和 b 求得 b''。

可见性的判别:因 a' 可见,且其处于轴线左边,所以点 A 位于前、左半圆柱面上,则 a'' 可见。因 b' 不可见,且其处于轴线左边,所以点 B 位于后、左半圆柱面上,则 b'' 可见。

例 3.4 如图 3.10(a)所示,已知圆柱表面上线段 AC 和 CF 的正面投影 $a'c'$、$c'f'$,求其余两投影。

分析:由图可知,线段 AC 和 CF 均处于圆柱面上,故其水平面投影积聚在圆柱面有积聚性的圆上。为能较准确地画出其侧面投影 $a''f''$,可在 AC 和 CF 上的适当位置选取若干个点,并判别可见性,连线。

曲线 AC 和 CF 侧面投影的可见性以左右方向的对称面为基准,左半圆柱面上的 $a''c''$ 可见,加深为粗实线;右半圆柱面上的 $c''f''$ 不可见,连接成虚线,如图 3.10(b)所示。

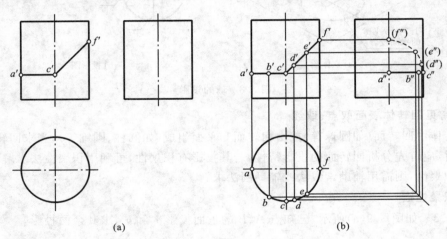

(a)   (b)

图 3.10 圆柱表面取线

2)辅助线法

例 3.5 已知圆锥的三面投影以及圆锥面上的点 A 的正面投影 a',求作它的水平投影 a 和侧面投影 a''。

分析:由于圆锥面的三个投影都没有积聚性,所以需要在圆锥面上过点 A 作一条辅助线。为了作图方便,应选取素线或垂直于铅垂轴线的纬圆(水平圆)作为辅助线。

(1)素线法 如图 3.11(a)中的立体图所示,连点 S 和点 A,延长 SA,交底圆于点 B,因为 a' 可见,所以素线 SB 位于前半圆锥面上,点 B 也在前半底圆上。作图过程如图 3.11(b)所示。

① 连 s' 和 a',延长 $s'a'$,与底圆的正面投影相交于 b'。由 b' 引铅垂的投影连线,在前半底圆的水平投影上得交点 b。由 b 按宽相等和前后对应(y_B)在底圆的侧面投影上作出 b''。分别连 s 和 b、s'' 和 b'',即得过点 A 的素线 SB 的三面投影 $s'b'$、sb 和 $s''b''$。

②由 a' 分别引铅垂的和水平的投影连线,在 sb 上作出 a 和在 $s''b''$ 上作出 a''。由于圆锥面的水平投影可见,所以 a 也可见;又由于点 A 在左半圆锥面上,所以 a'' 亦为可见。

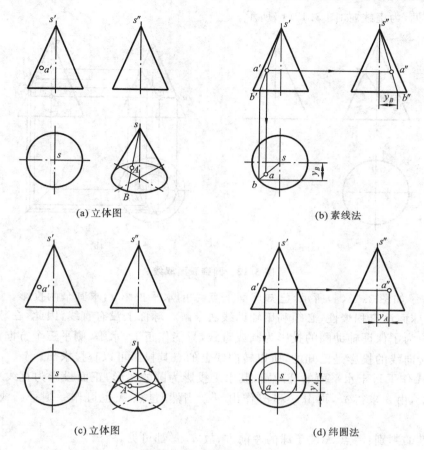

(a) 立体图　　　　　　　　　(b) 素线法

(c) 立体图　　　　　　　　　(d) 纬圆法

图 3.11　圆锥表面取点

（2）纬圆法　如图 3.11(c) 中的立体图所示，通过点 A 在圆锥面上作垂直于轴线的水平纬圆，这个圆实际上就是点 A 绕轴线旋转所形成的。作图过程如图 3.11(d) 所示。

① 过 a' 作垂直于轴线的水平纬圆的正面投影，其长度就是这个纬圆的直径的实长，它与轴线的正面投影的交点，就是圆心的正面投影，而圆心的水平投影则重合于轴线的有积聚性的水平投影上，与 s 相重合。由此就可作出这个圆的反映实形的水平投影。

② 因为 a' 可见，所以点 A 应在前半圆锥面上，于是就可由 a' 引铅垂的投影连线，在水平纬圆的前半圆的水平投影上作出 a。由 a' 引水平的投影连线，又由 a 按宽相等和前后对应 （y_A），即可作出点 A 的侧面投影 a''。

例 3.6　如图 3.12(a) 所示，已知圆锥面上线段 AB 和 BE 的正面投影 $a'b'$ 和 $b'e'$，求其余两投影。

分析：由图可知，线段均处于圆锥表面上。AB 为一段水平圆弧，其投影 ab 为一段圆弧，$a''b''$ 为直线。BE 为一部分椭圆，可在线段的适当位置取若干个点，依次求出这些点的投影，然后光滑连线。

可见性的判别：AB 和 BE 的水平投影均可见，连成粗实线。侧面投影可见性的分界面为左右的对称面，左半锥面可见，右半锥面不可见，故直线 $a''b''$、曲线 $b''c''$ 可见，为实线。曲

线 $c''e''$ 不可见,为虚线,如图 3.12(b)所示。

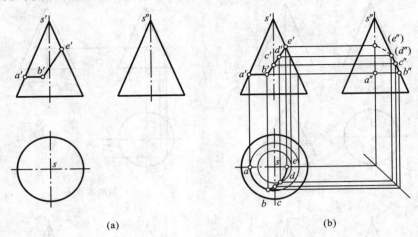

(a)   (b)

图 3.12　圆锥表面取线

　　例 3.7　如图 3.13(a)所示,已知球面上点 A 的水平投影 a,求其余两投影。

　　分析:球面没有积聚性,必须利用辅助线法求解。球面上没有直线,因此,在球面上只能作辅助圆。为了保证辅助圆的投影为圆或直线,只能作正平、水平、侧平三个方向的辅助圆。由于球面转向线的投影是已知的,所以转向线上的点其投影可以直接求出。

　　过点 A 作平行于水平面的辅助圆,其水平投影为圆的实形,正面投影为直线 $m'n'$,a' 必在该直线上,由 a 求得 a',再由 a 和 a' 作出 a''。当然,过点 A 也可作一侧平圆或正平圆求解。

　　可见性的判别:因点 A 位于球的左前方,故 a'、a'' 都可见。

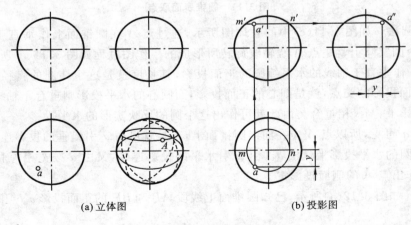

(a) 立体图   (b) 投影图

图 3.13　球表面取点

　　例 3.8　如图 3.14(a)所示,已知球表面上线段 AD 正面投影 $a'd'$,求线段其余的投影。

　　分析:线段 AD 在球的表面上,其正面投影为直线,水平投影和侧面投影均为一段椭圆弧。为了能较准确地画出椭圆弧,可在其上的适当位置选取若干个点,依次求出这些点的其他投影,然后判别可见性,连线。

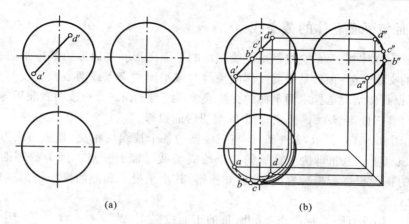

图 3.14　球表面取线

如图 3.14(b)所示,在正面投影 $a'd'$ 上,取 b'、c'。B、C 分别在球面的转向线上,可以直接求出其水平投影 b、c 和侧面投影 b''、c''。A、D 均为球面上一般位置点,可以利用辅助圆法求出其水平投影和侧面投影。

可见性的判别:水平投影的可见性,是以上下的对称面为基准,上半球面上 BCD 的水平投影 bcd 可见,为粗实线,下半球面上 AB 的水平投影 ab 不可见,为虚线。侧面投影的可见性是以左右的对称面为基准,左半球面上 ABC 的侧面投影 $a''b''c''$ 可见,为粗实线,右半球面上 CD 的侧面投影 $c''d''$ 不可见,为虚线。

3.3　平面与立体相交

3.3.1　截交线概述

平面与立体表面的交线称为截交线,当平面切割立体时,由截交线围成的平面图形称为断面,如图3.15所示。

1. 截交线的性质

(1)共有性　截交线是平面截切立体表面形成的,因此它是平面和立体表面的共有线,既属于截平面,又属于立体表面。截交线上的点也是它们的公有点。

(2)封闭性　由于立体具有一定的大小和范围,所以,截交线一般都是由直线、曲线或直线和曲线围成的封闭的平面图形。

2. 求截交线的方法

根据截交线的性质,截交线是由一系列表面公有点组成的,求截交线的方法可归结为本书 3.2.2 节介绍的立体表面取点的方法。

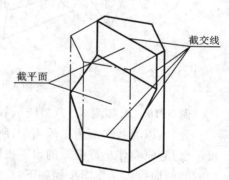

图 3.15　平面与立体相交

3.3.2　平面与平面立体的截交线

平面与平面立体相交,截交线是由直线围成的平面图形。多边形的各边是截平面与平面立体各表面的交线,其各顶点是平面立体的棱线与截平面的交点或两条截交线的交点。求截交线时,可根据具体情况选择求两平面的交线或求直线与平面的交点或两者兼用等方法。

例 3.9　求三棱锥 $SABC$ 被正垂面 P 截切后的投影。

分析:如图 3.16(a)所示,截平面 P 与三棱锥的各个棱线均相交,其截交线为三角形,三角形的三个顶点Ⅰ、Ⅱ、Ⅲ即为三棱锥的三条棱线与截平面的交点。因为截平面为正垂面,所以截交线的正面投影积聚为直线,为已知投影,其水平投影和侧面投影均为三角形。作图步骤如下:

① 如图 3.16(b)所示,标出点Ⅰ、Ⅱ、Ⅲ的正面投影 $1'$、$2'$、$3'$;

② 按照投影规律求出截交线的水平投影 1、2、3 和侧面投影 $1''$、$2''$、$3''$;

③ 1、2、3 和 $1''$、$2''$、$3''$均可见,所以△123 和△$1''2''3''$亦可见,将其连成粗实线;

④ 整理轮廓线。将棱线的水平投影加深到与截交线水平投影的交点 1、2、3 点处;同理,棱线的侧面投影加深到 $1''$、$2''$、$3''$点处。

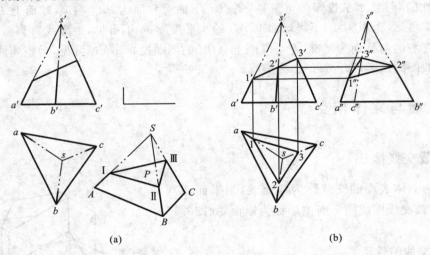

图 3.16　三棱锥的截交线及投影

例 3.10　求如图 3.17(a)所示五棱柱被正垂面 P 截切后的水平投影和侧面投影。

分析:因为截平面为正垂面 P,所以截交线的正面投影都重合在 P 上,即截交线的正面投影已知,只要作出截交线的水平投影,则可作出截交线的侧面投影,从而完成五棱柱被切割后的侧面投影。作图步骤如下:

① 如图 3.17(b)所示,画出五棱柱的侧面投影;

② 在已知的正面投影上标出截交线上各点的投影 a'、b'、c'、d'、e';

③ 由五棱柱的积聚性,求出各点的水平投影 a、b、c、d、e;

④ 由各点的水平投影和正面投影求出其侧面投影 a''、b''、c''、d''、e'';

⑤ 截交线的三面投影均可见,按顺序用粗实线连接各点的同面投影;

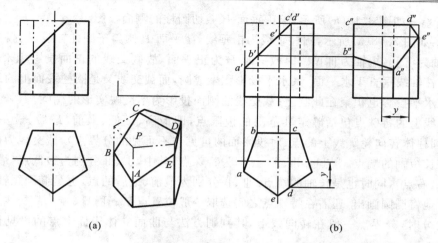

图 3.17　五棱柱的截交线及投影

⑥ 整理轮廓线。

3.3.3　平面与回转体的截交线

　　平面与回转体相交,其截交线一般是直线、曲线或直线和曲线围成的封闭的平面图形,这主要取决于回转体的形状和截平面与回转体的相对位置。当截交线为一般曲线时,应先求出能够确定其形状和范围的特殊点,它们是曲面立体转向线上的点,以及最左、最右、最前、最后、最高和最低点等。然后再按需要作适量的一般位置点,连成截交线。下面研究几种常见曲面立体的截交线,并举例说明截交线投影的作图方法。

1. 平面与圆柱相交

　　平面与圆柱相交,由于截平面与圆柱轴线的相对位置不同,截交线有三种形状:矩形、圆及椭圆,见表 3.1。

表 3.1　平面截切圆柱的截交线

立体图			
投影图			
截交线	平行于轴线的矩形	垂直于轴线的圆	椭圆

例 3.11 如图 3.18(a)所示,求正垂面 P 截切圆柱的侧面投影。

分析:如图 3.18(a)所示,圆柱轴线为铅垂线,截平面 P 倾斜于圆柱轴线,故截交线为椭圆,其长轴为ⅠⅡ,短轴为ⅢⅣ。因截平面 P 为正垂面,故截交线的正面投影积聚在 p' 上;又因为圆柱轴线垂直于水平面,其水平投影积聚成圆,而截交线又是圆柱表面上的线,所以,截交线的水平投影也积聚在此圆上;截交线的侧面投影为不反映实形的椭圆。

截交线上的特殊点包括确定其范围的极限点,即最高、最低、最前、最后、最左、最右各点,以及圆柱体转向轮廓线上的点(对投影面的可见与不可见的分界点),截交线为椭圆时还需求出其长短轴的端点。点Ⅰ、Ⅱ、Ⅲ、Ⅳ即为特殊点,其中,Ⅰ、Ⅱ分别为最低点(最左点)和最高点(最右点),同时也是长轴的端点;Ⅲ、Ⅳ分别为最前、最后的点,也是椭圆短轴的端点。若要光滑地将椭圆画出,还需在特殊点之间选取一般位置点Ⅴ、Ⅵ、Ⅶ、Ⅷ。截交线有可见与不可见之分时,分界点一般在转向线上,其判别方法与曲面立体表面上点的可见性判别相同。

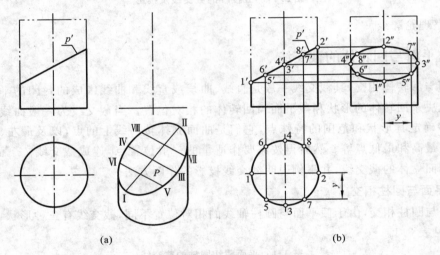

(a)   (b)

图 3.18 圆柱的截交线及投影

作图步骤如下。

① 找特殊点。如图 3.18(b)所示,在已知的正面投影和水平投影上标明特殊点的投影 $1'$、$2'$、$3'$、$4'$ 和 1、2、3、4,然后再求出其侧面投影 $1''$、$2''$、$3''$、$4''$,它们确定了椭圆投影的范围。

② 求一般位置点。选取一般位置点的正面投影和水平投影为 $5'$、$6'$、$7'$、$8'$ 和 5、6、7、8,按投影规律求得侧面投影 $5''$、$6''$、$7''$、$8''$。

③ 判别可见性,光滑连线。椭圆上所有点的侧面投影均可见,按照水平投影上各点的顺序,光滑连接 $1''$、$5''$、$3''$、$7''$、$2''$、$8''$、$4''$、$6''$、$1''$ 诸点成粗实线,即为所求截交线的侧面投影。

④ 整理轮廓线,将轮廓线加深到与截交线相交的点处,即点 $3''$ 和点 $4''$ 处,轮廓线的上部分被截掉,不应画出。

例 3.12 如图 3.19(a)所示,补全圆柱被开槽后的水平投影和侧面投影。

分析:圆柱上端开一通槽,是由两个平行于圆柱轴线的侧平面和一个垂直于圆柱轴线的水平面截切而成。两侧平面与圆柱面的截交线均为两条铅垂素线,与圆柱顶面的交线分别是两条正垂线;水平面与圆柱的截交线是两段圆弧。

作图步骤如下。

① 如图 3.19(b)所示,根据投影关系,作出截切前圆柱的侧面投影。

② 在正面投影上标出特殊点的投影 $1'$、$2'$、$3'$、$4'$、$5'$、$6'$,按投影关系从水平投影的圆上找出对应点 1、2、3、4、5、6(左边与右边对称点省略不注)。

③ 根据特殊点的正面投影和水平投影求出其侧面投影 $1''$、$2''$、$3''$、$4''$、$5''$、$6''$。

④ 判别可见性,按顺序连线。水平投影:连接 3、4 和 2、5,其他投影积聚在圆周上。侧面投影:$1''$、$2''$、$3''$、$4''$、$5''$、$6''$可见,将其连接成实线,点 $3''$ 和点 $4''$ 与顶面的侧面投影重合,两截平面的交线 $2''5''$ 的侧面投影应为虚线。

⑤ 加深轮廓线到与截交线的交点处,即点 $1''$ 和点 $6''$ 处,上边被截掉。圆柱左边被截切部分的侧面投影与右边重合。

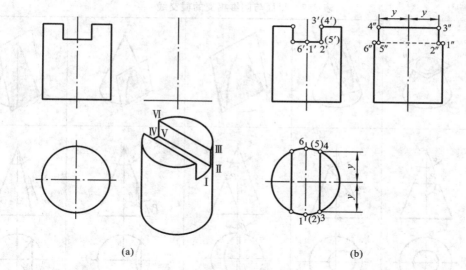

图 3.19　切槽圆柱的投影

若圆柱上端左右两边均被一水平面 P 和侧平面 Q 所截,其截交线的形状和投影请读者自行分析,其投影如图 3.20 所示。要注意点 $1''$ 到最前素线、点 $4''$ 到最后素线之间不应有线。

如图 3.21 所示为在空心圆柱即圆筒的上端开槽的投影图,其外圆柱面截交线的画法与图 3.19 相同,内圆柱表面也会产生另一套截交线,其画法与外圆柱面截交线的画法相似,各截平面与内圆柱面的截交线的侧面投影均不可见,应画成虚线。还应注意在中空部分不应画线,圆柱孔的轮廓线均不可见,应画成虚线。

2. 平面与圆锥相交

当截平面与圆锥轴线的相对位置不同时,其截交线有五种基本形式,见表 3.2。

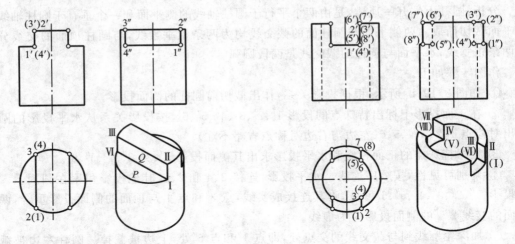

图 3.20　截切圆柱的投影　　　　　　图 3.21　切槽空心圆柱的投影

表 3.2　平面与圆锥相交的截交线

立体图				
投影图				
截平面位置	与轴线垂直 $\theta=90°$	与轴线倾斜 $\alpha<\theta<90°$	与一条素线平行 $\theta=\alpha$	与轴线平行或倾斜 $0°\leqslant\theta<\alpha$	过锥顶
截交线	圆	椭圆	抛物线和直线	双曲线和直线	过锥顶的三角形

求圆锥体的截交线,实质上是求圆锥面上的一系列点的投影,可用纬圆法或素线法求得。其中截交线为直线段时,只需求两个端点;为椭圆时,则要求出一对共轭轴上的各端点及适当数量的一般点;为抛物线或双曲线时,就要求适当数量点,才能连成光滑曲线。

例 3.13　如图 3.22(a)所示,求正垂面截切圆锥的投影。

分析:正垂面倾斜于圆锥轴线,且 $\theta>\alpha$,截交线为椭圆,其长轴是Ⅰ Ⅱ,短轴是Ⅲ Ⅳ。截交线的正面投影有积聚性,故利用积聚性可找到截交线的正面投影;水平投影和侧面投影仍为椭圆,但不反映实形。作图步骤如下。

① 找特殊点。如图 3.22(b)所示,首先求椭圆长、短轴的端点:点Ⅰ和Ⅱ是椭圆长轴的端点,其正面投影为 1′、2′,利用点、线从属对应关系,直接求出 1、2 和 1″、2″;椭圆的长轴Ⅰ Ⅱ与短轴ⅢⅣ互相垂直平分,由此可求出短轴端点的正面投影 3′、4′,利用圆锥表面取点的方法求出 3、4 和 3″、4″。点Ⅶ、Ⅷ是圆锥侧面投影轮廓线上的点,也属于特殊点,求点Ⅶ、Ⅷ各投影的方法与求点Ⅰ、Ⅱ的相同。

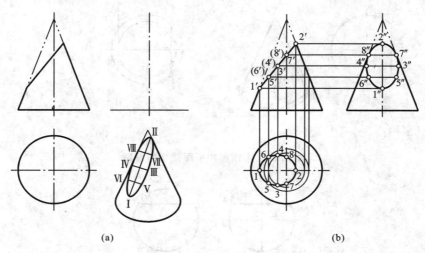

图 3.22　圆锥被正垂面截切的投影

② 求一般位置点。利用圆锥表面取点的方法求适当数量的一般位置点,如图中的点Ⅴ、Ⅵ。

③ 判别可见性,光滑连线。椭圆的水平投影和侧面投影均可见,分别按Ⅰ、Ⅴ、Ⅲ、Ⅶ、Ⅱ、Ⅷ、Ⅳ、Ⅵ、Ⅰ的顺序将其水平投影和侧面投影光滑连接成椭圆,并画成粗实线,即为椭圆的水平和侧面投影。

④ 整理轮廓线。侧面投影的轮廓线加深到与截交线的交点 7″、8″处,上部被截掉不加深。

图 3.23 所示为侧平面截切圆锥求截交线的作图过程。截平面平行于圆锥轴线,截交线是双曲线。其正面投影和水平投影都有积聚性,侧面投影反映实形。作图时先求出特殊点的各投影,再求适量一般位置点的投影。

图中 2″、3″、1″是截交线上特殊点的侧面投影,5″、4″是一般位置点的侧面投影,光滑连接 2″、5″、3″、4″、1″各点,即为截交线的侧面投影。截平面与圆锥侧面投影的轮廓线没有交点,应完整画出。

3. 平面与球体相交

平面与球体的截交线是圆。当截平面平行于投影面时,截交线的投影反映实形;当截平面垂直于投影面时,截交线的投影为直线,长度等于截交线圆的直径;当截平面倾斜于投影面时,截交线的投影为椭圆。

例如图 3.24 中的截平面是水平面,截交线圆的水平投影反映实形,正面投影为长度等

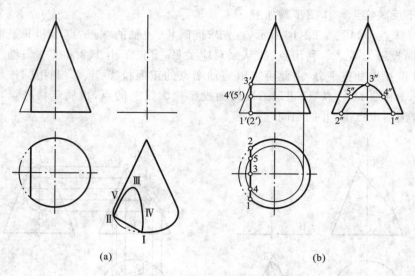

(a)　　　　　　　　　　　　　　　　　(b)

图 3.23　圆锥被侧平面截切的投影

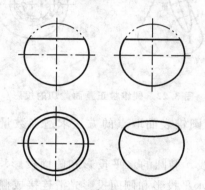

图 3.24　球体被水平面截切的投影

于截交线圆的直径的直线,图中画出了截去球冠(截去的球冠的正面投影用细双点画线表示,也可不画)后的球体的两面投影。

例 3.14　如图 3.25(a)所示,求正垂面截切球体的投影。

分析:正垂面截切球体,截交线的形状为圆,其正面投影积聚成直线,长度等于截交线圆的直径;水平投影和侧面投影均为椭圆,利用球体表面取点的方法,求出椭圆上的特殊点和一般位置点的投影,按顺序光滑连接各点的同面投影成为椭圆即可。

作图步骤如下。

① 找特殊点。先求出椭圆的长轴ⅢⅣ和短轴ⅠⅡ的投影,如图 3.25(b)所示。再求水平投影转向轮廓线上点Ⅴ、Ⅵ的投影和侧面投影转向轮廓线上点Ⅶ、Ⅷ的投影,如图 3.25 (c)所示。

② 求一般位置点。根据连线的需要,在 $1'2'$ 之间取适当数量的点,再利用辅助圆法求出其正面投影和侧面投影(本例省略)。

③ 判别可见性,光滑连线。截交线的正面投影和水平投影都可见,按顺序光滑连接,如

图 3.25(d)所示。

　　④ 整理轮廓线。正面投影的轮廓线加深到与截交线的交点 1′、2′处,其上面部分被切去;水平投影的轮廓线加深到与截交线的交点 5、6 处,左边部分被切去;侧面投影的轮廓线加深到与截交线的交点 7″、8″处,其上面部分被切去,整理结果如图 3.25(e)所示。

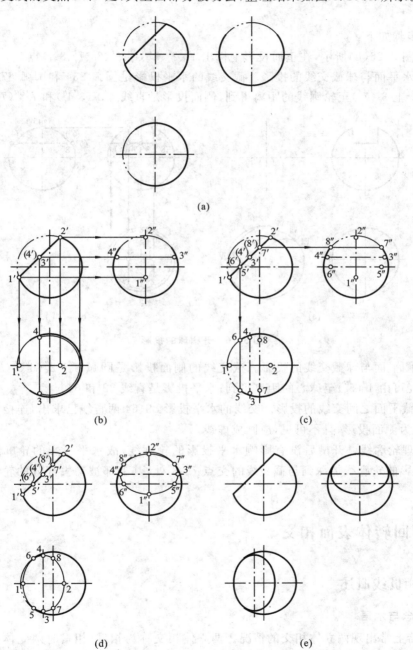

图 3.25　球体被正垂面截切的投影

例 3.15   如图 3.26(a)所示,补全球体切槽后的水平投影和侧面投影。

分析:球被两个侧平面和一个水平面截切,其截交线的空间形状均为部分圆弧。水平面截圆球其截交线的水平投影反映实形,正面投影和侧面投影积聚成直线,两侧平面与球的交线其侧面投影反映实形,正面投影和水平投影积聚成直线,三个截平面的交线为两条正垂线。

作图步骤如下。

① 如图 3.26(b)所示,在正面投影上标出 $1'$、$2'$、$3'$、$4'$、$5'$、$6'$、$7'$、$8'$各点。

② 求水平面与球截交线的投影。截交线的水平投影是圆弧 234 和圆弧 678,其半径可由正面投影上 $3'(7')$ 至轮廓线的距离得到;侧面投影是直线 $3''2''(3''4'')$ 和 $7''8''(7''6'')$。

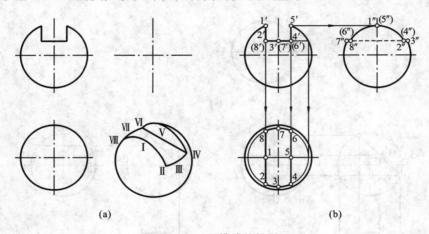

图 3.26   开槽球的投影

③ 求侧平面与球截交线的投影。截交线的侧面投影是圆弧 $8''1''2''$($6''5''4''$ 与 $8''1''2''$ 重合),其半径可由 $1''(5'')$ 至球心的距离得到;水平投影是直线 82 和 64。

④ 求截平面之间交线的投影。交线的水平投影 82、64 两直线已求出,连接 $8''2''$($6''4''$ 与其重合)即为侧面投影,且不可见,应画成虚线。

⑤ 整理轮廓线。开槽后没有影响水平投影的轮廓线,故水平投影的轮廓线应正常画出;侧面投影的轮廓线加深到与截交线的交点 $7''$、$8''$处,其上部被切去部分的轮廓线不应再画出。

3.4   两回转体表面相交

3.4.1   相贯线概述

1. 概念与术语

在机器上常出现两立体相交的情况。两立体相交称为相贯,相贯时两立体表面产生的交线称为相贯线,参与相贯的立体称为相贯体,如图 3.27 所示。相贯线也为两立体的分界线。

(a)　　　　　　　　　(b)

图 3.27　立体表面的相贯线

2. 相贯的基本形式

按照立体的类型不同,立体相贯有三种情况:①平面立体与平面立体相贯;②平面立体与回转体相贯;③回转体与回转体相贯。

由于平面立体是由平面组成,故前两种情况可利用平面与立体相交求截交线的方法解决。在此重点讨论两回转体相贯。

3. 相贯线的性质

(1) 表面性　相贯线位于两相贯立体的表面。

(2) 封闭性　由于立体具有一定的大小和范围,所以相贯线一般是封闭的空间曲线,特殊情况为平面曲线或直线。

(3) 公有性　相贯线是相交两立体表面的公有线,相贯线上的点是两立体表面的公有点。

4. 求相贯线的方法

求相贯线的投影,实际上就是求适当数量公有点的投影,然后根据可见性,按顺序光滑连接同面投影。求相贯线上点的投影的常见方法有利用积聚性法直接求相贯线上点的投影和利用辅助平面法求相贯线上点的投影。

5. 求相贯线投影的作图过程

(1) 进行相贯立体的空间及投影的形状分析,找出相贯线的已知投影,确定求相贯线投影的方法。

(2) 作图求出相贯立体表面的一系列公有点,判别其可见性,用相应的图线依次连接成相贯线的同面投影,并加深各立体的轮廓线到与相贯线的交点处,完成全图。

为了准确地画出相贯线,一般先作出相贯线上的一些特殊点,即确定相贯线投影的范围和变化趋势的点,如曲面立体转向线上的点、相贯线在其对称平面上的点,以及最高、最低、最左、最右、最前、最后点等,然后按需要再作适量的一般位置点,从而较准确地连线,作出相贯线的投影,并表明其可见性。只有同时位于两立体可见表面上的一段相贯线的投影才可见,否则不可见。

3.4.2　两回转体正交

当相交的两立体中有一个是轴线垂直于某一投影面的圆柱时,圆柱面在这一投影面上的投影就有积聚性,因此相贯线在该投影面上的投影即为已知。利用这个已知投影,按照曲面立体表面取点的方法,即可求出相贯线的另外两个投影。通常将这种方法称为表面取点法或称为利用积聚性法求相贯线的投影。

1. 圆柱与圆柱相贯

例 3.16 如图 3.28(a)所示,求两正交圆柱相贯线的投影。

分析:两圆柱轴线垂直相交,称为正交。其相贯线是空间封闭曲线,且前后对称。直立圆柱的轴线是铅垂线,该圆柱面的水平投影积聚成圆,相贯线的水平投影积聚在这个圆上。横圆柱的轴线是侧垂线,圆柱面的侧面投影积聚成圆,相贯线的侧面投影也一定在这个圆上,且在两圆柱侧面投影重叠区域内的一段圆弧上。因此,只需求出相贯线的正面投影。

作图步骤如下。

① 找特殊点。在相贯线的水平投影上标出转向线上的点Ⅰ、Ⅱ、Ⅲ、Ⅳ的水平投影 1、2、3、4,找出侧面投影上相应点 $1''$、$2''$、$3''$、$4''$,由 1、2、3、4 和 $1''$、$2''$、$3''$、$4''$作出其正面投影 $1'$、$2'$、$3'$、$4'$,如图 3.28(b)所示。可以看出,Ⅰ、Ⅱ和Ⅲ、Ⅳ既是相贯线上的最高点和最低点,也是最左、最右、最前、最后点。

② 求一般位置点。根据连线需要,在相贯线的水平投影上作出前后对称的四个点Ⅴ、Ⅵ、Ⅶ、Ⅷ的水平投影,根据点的投影规律作出侧面投影,继而求出 $5'$、$6'$、$7'$、$8'$。

③ 判别可见性,光滑连线。相贯线的正面投影中,Ⅰ、Ⅴ、Ⅲ、Ⅵ、Ⅱ位于两圆柱的可见表面上,则前半段相贯线的投影 $1'5'3'6'2'$ 可见,应光滑连接成粗实线;而后半段相贯线的投影 $1'7'4'8'2'$ 不可见,且重合在前半段相贯线的可见投影上。应注意,在 $1'$、$2'$ 之间不应画水平圆柱的轮廓线。

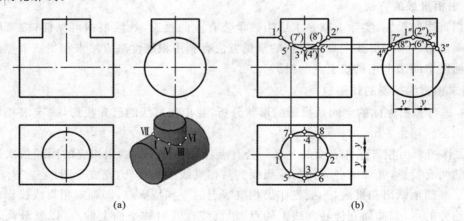

(a)   (b)

图 3.28 两正交圆柱相贯

圆柱上钻孔及两圆柱孔相贯,都与内圆柱面形成相贯线,相贯线投影的画法与图 3.28的相同,只是可见性有些不同,见表 3.3。

表 3.3　圆柱孔的正交相贯形式

形式	圆柱与圆柱孔相贯	圆柱孔与圆柱孔相贯	圆柱孔与内、外圆柱面相贯
立体图			
投影图			

2. 圆柱与球体正交

例 3.17　如图 3.29 所示,求圆柱和半球相贯线的投影。

分析:图中圆柱和半球的轴线正交,相贯线是一条对称的空间曲线。圆柱的水平投影积聚为圆,因相贯线是圆柱表面上的线,所以相贯线的水平投影也在此圆上,为已知投影。又因为相贯线也是球面上的线,可以利用球表面取点的方法求出相贯线的正面投影和侧面投影。

作图步骤如下。

① 找特殊点。在相贯线的水平投影上标出圆柱转向轮廓线上的点 1、3、5、7。点 1、5 的正面投影 1′、5′和侧面投影 1″、5″可以直接求出;利用球表面取点的方法作正平圆,求出点 3、7 的正面投影 3′、7′和侧面投影 3″、7″。同时Ⅰ、Ⅲ、Ⅴ、Ⅶ也是相贯线上最左、最前、最右、最后的点。

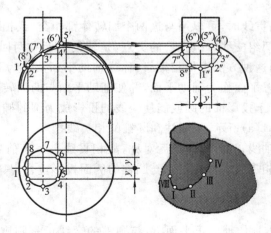

图 3.29　圆柱和半球相贯

② 作一般位置点。据连线需要,在点 1、3、5、7 之间增加一般位置点 2、4、6、8,利用球表面取点的方法作正平圆,求出它们的正面投影 2′、4′、6′、8′ 和侧面投影 2″、4″、6″、8″。

③ 判别可见性,光滑连线。由于相贯线前后对称,所以圆柱的转向轮廓线是正面投影可见与不可见的分界线。故正面投影 1′、2′、3′、4′、5′ 为可见点,应连接成光滑的粗实线;5′、6′、7′、8′、1′ 为不可见点,由于与粗实线重合,可不连虚线。侧面投影点 7″、8″、1″、2″、3″ 位于圆柱的左半部,为可见点,应连接成光滑的粗实线;点 3″、4″、5″、6″、7″ 位于圆柱的右半部,为不可见点,应连接成光滑的虚线。需要注意的是,被圆柱挡住的半球侧面投影轮廓线为不可见,应画成虚线。

④ 整理轮廓线,将轮廓线加深到与相贯线的交点处。侧面投影中,圆柱轮廓线加深到与相贯线的交点 3′、7′ 处,半球的轮廓线加深到与圆柱前后轮廓线的交点处。

图 3.30 所示为半球上穿通了一个圆柱孔的情况,它的相贯线有两条:一条是半球的球面与孔壁圆柱面的交线;另一条是半球的底面与孔壁圆柱面的交线。前者与图 3.29 中圆柱和半球的相贯线是一样的,只是侧面投影的可见性不一样;后者是一个水平圆,它的水平投影积聚在圆柱孔壁的投影上,正面投影、侧面投影则分别积聚在半球底面的积聚性投影上。

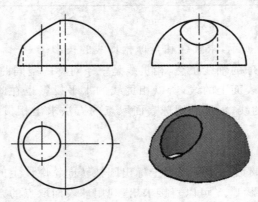

图 3.30 穿孔半球的投影

3. 圆柱与圆锥正交

作圆柱与圆锥的相贯线时,可以用与这两个回转体都相交(或相切、有切线)的辅助平面切割这两个回转体,则两组交线(或切线)的交点,是辅助平面和两回转体表面的三面共点,即为相贯线上的点。用这种方法求作相贯线,称为辅助平面法。为了能方便地作出相贯线上的点,宜选用特殊位置平面作为辅助平面,并使辅助平面与两回转体的交线的投影为最简单,如交线为直线、平行于投影面的圆或能使交线的投影成为圆的椭圆。

例 3.18 如图 3.31(a)所示,求圆柱和圆锥的相贯线投影。

分析:圆柱与圆锥轴线正交,形体前后对称,故相贯线是一条前后对称的空间曲线。圆柱轴线为侧垂线,因此相贯线的侧面投影与圆柱的侧面投影重合,只需求出相贯线的正面及水平投影即可。

作图步骤如下。

① 找特殊点。过锥顶作辅助正平面 R,与圆锥的交线正是圆锥正面投影的轮廓线,与

圆柱的交线为圆柱正面投影的轮廓线,由此得到相贯线上点 $1'$、$2'$ 的投影,也是相贯线上的最低、最高点,按投影规律求出点 1、2;过圆柱轴线作辅助水平面 P,与圆柱的交线为圆柱水平投影的轮廓线,与圆锥的交线为水平圆,两交线的交点为 3、4,是相贯线上最前、最后点,求出 $3'$、$4'$,如图 3.31(b)所示。立体图如图 3.31(d)所示,过锥顶作侧垂面 Q、Q_1 且与圆柱相切,得到切点的侧面投影 $6''$、$5''$,根据素线法求圆锥表面的点,得到正面投影 $6'$、$5'$ 和水平投影 6、5,如图 3.31(e)所示。

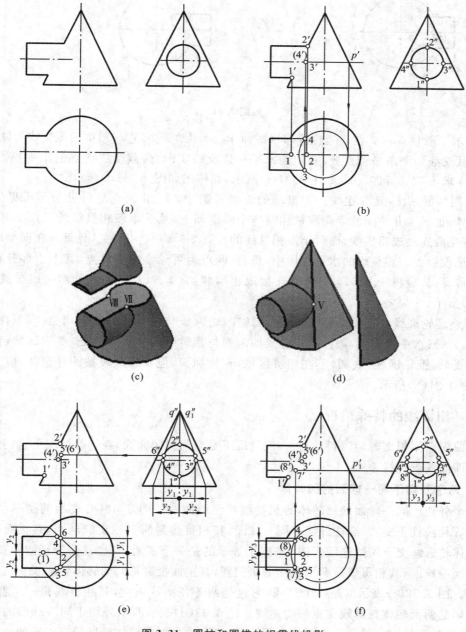

图 3.31　圆柱和圆锥的相贯线投影

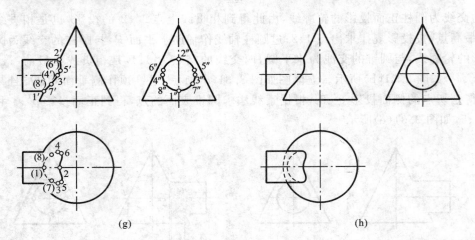

续图 3.31

② 求一般位置点。在适当位置作水平面 P_1 为辅助平面,它与圆锥的截交线为圆,与圆柱面的截交线为两条平行直线,它们的水平投影反映实形,两截交线交点的水平投影是 7、8,由 7、8 求出 $7'$、$8'$ 和 $7''$、$8''$,如图 3.31(f)所示,立体图如图 3.31(d)所示。

③ 判别可见性,光滑连线。相贯线的正面投影中,Ⅰ、Ⅱ 两点是可见与不可见的分界点,Ⅰ、Ⅶ、Ⅲ、Ⅴ、Ⅱ 位于前半个圆柱和前半个圆锥面上,故前半段相贯线的投影 $1'7'3'5'2'$ 可见,应光滑连接成粗实线;而后半段相贯线的投影 $2'6'4'8'1'$ 不可见,且重合在前半段相贯线的可见投影上。相贯线的水平投影中,Ⅲ、Ⅳ 两点为可见性的分界点,其上边部分在水平投影上可见,故应将 4、6、2、5、3 光滑连接成粗实线,将 3、7、1、8、4 光滑连接成虚线,如图 3.31(g)所示。

④ 整理轮廓线。正面投影中,圆柱、圆锥的轮廓线与相贯线的交点均为 $1'$、$2'$,故均加深到 $1'$、$2'$ 处;水平投影中,圆柱的轮廓线加深到与相贯线的交点 3、4 处,重影区域可见,应为粗实线;圆锥轮廓线(底圆)不在相贯区域,正常加深,但重影区域被圆柱遮住,应为虚线弧,如图 3.31(h)所示。

3.4.3　相贯线的特殊情况

两曲面立体相交时,其相贯线在一般情况下是空间封闭曲线,在特殊情况下它们的相贯线是平面曲线或直线。

1. 两个外切于同一球面的回转体

两个外切于同一球面的回转体的相贯线是平面曲线。图 3.32(a)表示的是一个四通,它是两等径圆柱正交,两圆柱外切于同一球面,其相贯线是两个相交的椭圆,其正面投影是两回转体轮廓线交点间的连线。图 3.32(b)表示的是一个三通,它也是两等径圆柱正交,且外切于同一球面,其相贯线是两个相交的半椭圆,其正面投影是两回转体轮廓线交点到圆心的连线。图 3.32(c)表示的是一个二通,它也是两等径圆柱正交,其相贯线是一个椭圆,其正面投影是两回转体轮廓线交点间的连线。图 3.32(d)表示两个外切于同一球面的圆柱和圆锥正交,其相贯线也是两个相同的椭圆,正面投影也是两回转体轮廓线交点间的连线。

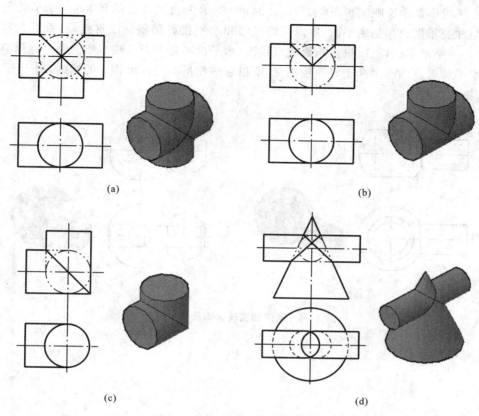

图 3.32 外切于同一球面的回转体相贯线的投影

　　如图 3.33 所示,表示工程上用圆锥过渡接头连接两个不同直径圆柱管道结构的投影图。两圆柱分别与过渡接头外切于球面,其相贯线为椭圆,相贯线的投影为直线段。

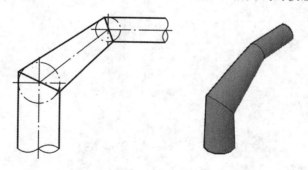

图 3.33 过渡接头连接管道的相贯线投影

2. 两同轴回转体

　　两同轴回转体相交时,它们的相贯线是垂直于回转体轴线的圆,当轴线平行于某一投影面时,这些圆在该投影面上的投影是两回转体轮廓线交点间的直线。

　　图 3.34(a)所示为一个圆柱跟穿孔的截切球相贯,圆柱与球的相贯线是一个侧平圆,所以正面投影和水平投影积聚成直线段,圆孔与球的相贯线是一个水平圆,正面投影积聚成直

线段,水平投影是个反映实形的圆。图 3.34(b)所示为两个穿孔的球相贯,水平孔与两个球、球与球的相贯线都是侧平圆,所以正面投影和水平投影都积聚成直线段,垂直孔与球的相贯线是一个水平圆,正面投影积聚成直线段,水平投影是一个反映实形的圆。这里应强调的是,水平和垂直的两个孔正好等径正交,所以它的相贯线是两个相交的椭圆,由于不可见,投影应画成虚线。

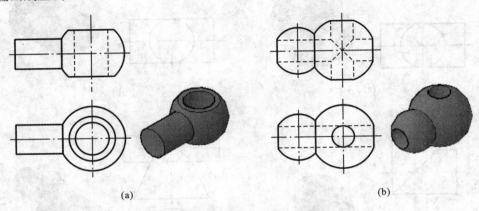

(a)　　　　　　　　　　　　　　　　　(b)

图 3.34　两同轴回转体相贯线的投影

第4章 轴 测 图

多面投影图作图方便,度量性好,它是工程实际中应用最广的图样(见图 4.1(a))。但是多面投影图缺乏立体感,看图时必须应用正投影原理把几个视图联系起来阅读,需要读图者具有一定空间思维能力。轴测图是单面投影图,但能同时反映物体的长、宽、高三个方向的形状特征,故立体感较好(见图 4.1(b))。由于轴测图不能反映物体表面的实形,且度量性差,作图也较复杂,因此工程上常用轴测图作为辅助图样。

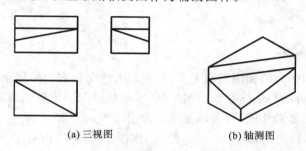

(a)三视图　　　　　　　　　(b)轴测图

图 4.1　多面投影图与轴测图的比较

4.1　轴测投影基本知识

4.1.1　轴测图的形成

1. 轴测图的概念

轴测图是用平行投影法将物体连同表示其长、宽、高的直角坐标系沿不平行于任一坐标平面的方向 S,投射到单一投影面 P 上所得到的图形,简称轴测图(见图 4.2)。

其中:P 平面称为轴测投影面,空间直角坐标轴 OX、OY、OZ 在轴测投影面上的投影 O_1X_1、O_1Y_1、O_1Z_1 称为轴测轴。

2. 轴间角和轴向伸缩系数

任意两轴测轴之间的夹角($\angle X_1O_1Y_1$、$\angle X_1O_1Z_1$、$\angle Y_1O_1Z_1$)称为轴间角,轴测图中不允许任何一个轴间角等于零。

直角坐标轴的轴测投影的单位长度与相应直角坐标轴上的单位长度的比值,称为轴向伸缩系数,OX、OY、OZ 轴的伸缩系数分别用 p_1、q_1、r_1 表示。

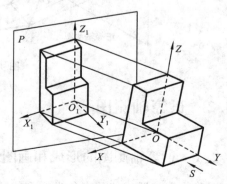

图 4.2　轴测图的形成

4.1.2   轴测图的基本性质

轴测图是用平行投影法得到的单面投影图,因此它仍具有平行投影的特性。

(1)平行性   物体上平行于坐标轴的线段,在轴测图中也平行于相应的轴测轴;物体上互相平行的线段,在轴测图中仍互相平行。

(2)定比性   与轴测轴平行的线段(轴向线段)有相同的轴向伸缩系数,空间互相平行的线段之比等于它们的轴测投影之比。

(3)从属性   立体上某线段上的点的轴测投影仍从属于相应线段的轴测投影。

上述特性为轴测图提供了基本作图方法。凡平行于坐标轴的线段,沿对应的轴测轴方向量取,长度按其尺寸乘以相应的伸缩系数;非平行于坐标轴的线段,可先画出两个端点,然后连线。

4.1.3   轴测图的分类

轴测图有正轴测图和斜轴测图两大类:当投射方向与轴测投影面垂直时,所绘制的图形为正轴测图;当投影方向与轴测投影面倾斜时,所绘制的图形为斜轴测图。

按轴向伸缩系数是否相同,每类轴测图又分为三种:

(1)正(或斜)等轴测图,$p_1 = q_1 = r_1$,即三个轴向伸缩系数相同;

(2)正(或斜)二轴测图,$p_1 = r_1 \neq q_1$ 或 $p_1 = q_1 \neq r_1$ 或 $q_1 = r_1 \neq p_1$;

(3)正(或斜)三轴测图,$p_1 \neq q_1 \neq r_1$,即三个轴向伸缩系数都不相同。应用广泛的是正等轴测图和斜二轴测图(见图 4.3)。

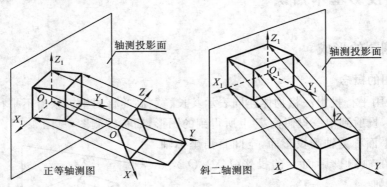

图 4.3   轴测图的分类

4.2   正等轴测图

4.2.1   正等轴测图的形成和画图参数

将物体放置成使其直角坐标系的三根坐标轴与轴测投影面的倾角相等,并用正投影法将物体向轴测投影面投射所得到的图形称为正等轴测图,简称正等测图(见图 4.4)。

正等轴测图轴向伸缩系数 $p_1 = q_1 = r_1 = 0.82$(为了免除作图时计算尺寸麻烦,使作图方便,常采用简化轴向伸缩系数即 $p=q=r=1$,按此简化轴向伸缩系数作图时,画出的轴测图沿各轴向的长度分别放大了 $1/0.82 \approx 1.22$ 倍)。

正等轴测图轴间角 $\angle X_1 O_1 Y_1 = \angle X_1 O_1 Z_1 = \angle Y_1 O_1 Z_1 = 120°$

画正等轴测图时,一般将轴测轴 $O_1 Z_1$ 画成铅垂位置,此时 $O_1 X_1$ 轴和 $O_1 Y_1$ 轴与水平线成 $30°$ 角,利用 $30°$ 角三角板可方便地作出 $O_1 X_1$ 和 $O_1 Y_1$ 轴,其轴测轴方向如图 4.5 所示。

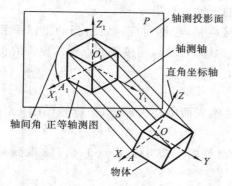

图 4.4 正等轴测图的形成

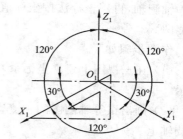

图 4.5 正等轴测图的轴间角

4.2.2 平面基本体正等轴测图的画法

根据物体的三视图画轴测图的基本方法是坐标法,即根据物体的尺寸确定各顶点的坐标画出顶点的轴测投影,然后将同一棱线上的两顶点连线即得物体的轴测图。下面举例说明平面立体正等轴测图的作图步骤。

例 4.1 根据视图求作长方体的正等轴测图。

分析:绘制时应根据其形状特点,确定恰当的坐标系和相应的轴测轴,再用坐标法按坐标值画出各顶点的轴测投影,连接各顶点后得长方体的正等轴测图。

作图步骤如下。

(1) 在三视图上建立坐标系 $O\text{-}XYZ$,选定长方体右侧后下方的棱角为原点,经过原点的三条棱线为 X、Y、Z 轴。

(2) 画出正等轴测图的轴测坐标系 $O_1\text{-}X_1 Y_1 Z_1$(见图 4.6(a))。

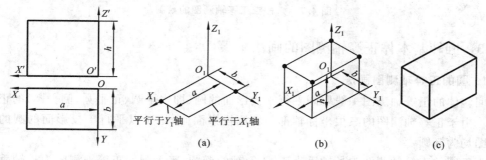

图 4.6 长方体正等轴测图的绘制

(3) 在 X_1 轴上量取物体的长 a,在 Y_1 轴上量取物体的宽 b,利用轴测投影的平行性,画出长方体底面图形。

(4) 由长方体底面各端点画 Z_1 轴的平行线,并分别量取高度 h,连接各顶点得长方体顶面图形(见图 4.6(b))。

(5) 将被遮挡的棱线擦去(轴测图中一般不画虚线),加粗可见轮廓线,即完成长方体的正等轴测图(见图 4.6(c))。

例 4.2 根据视图(见图 4.7(a))作出六棱锥的正等轴测图。

分析:六棱锥有棱线与坐标轴不平行,不能直接度量,绘制时应确定恰当的坐标系和相应的轴测轴,再用坐标法按坐标值画出各棱线端点的轴测投影,连接各端点得六棱锥的正等轴测图。

作图步骤如下。

(1) 在三视图上建立坐标系 $O\text{-}XYZ$,选定六棱锥底面中心为原点,坐标轴如图 4.7(a)所示。

(2) 画出正等轴测图的轴测坐标系 $O_1\text{-}X_1Y_1Z_1$(见图 4.7(b)),将点 1、4、7、8 取到对应轴测轴上。

(3) 通过 7_1、8_1 作 X_1 轴的平行线,并在其上确定 2_1、3_1、5_1、6_1 各点,使 $2_17_1 = 7_13_1 = 23/2$,$6_18_1 = 8_15_1 = 65/2$,并用直线连接各点,得到底面六边形的正等轴测图(见图 4.7(b))。

(4) 由原点 O_1 沿 Z_1 方向量取高度 h,连接 2_1、3_1、5_1、6_1 与顶点 S_1(见图 4.7(c))。

(5) 将被遮挡的棱线擦去,加粗可见轮廓线,即完成六棱锥的正等轴测图(见图 4.7(d))。

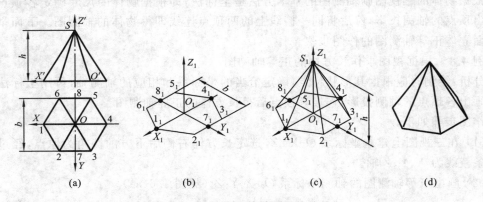

| (a) | (b) | (c) | (d) |

图 4.7 六棱锥正等轴测图的绘制

4.2.3 回转基本体正等轴测图的画法

1. 圆的正等轴测图画法

回转体的正等轴测图一般要画平行于投影面的圆(即水平圆、正平圆、侧平圆)的正等轴测图。由于正等轴测图的三根坐标轴都与轴测投影面倾斜,所以平行于投影面的圆的正等轴测图均为椭圆。

水平圆的正等轴测图为长轴垂直于 O_1Z_1 轴的椭圆;正平圆的正等轴测图为长轴垂直于 O_1Y_1 轴的椭圆;侧平圆的正等轴测图为长轴垂直于 O_1X_1 轴的椭圆,如图 4.8 所示。

用坐标法画椭圆时,应找出圆周上若干点在轴测图中的位置,然后用曲线板连接成椭圆,这种方法比较烦琐。实际作图中,不需要准确画出椭圆曲线,而是采用菱形法近似作图,即用四段圆弧组成的扁圆代替椭圆,圆的正等轴测图画法如图 4.9 所示。

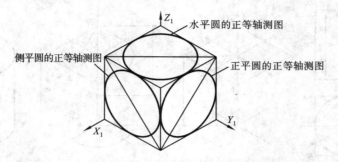

图 4.8　平行于各坐标面圆的正等轴测图

(1) 确定坐标系 $O\text{-}XYZ$,并作圆的外切正方形 $abcd$(见图 4.9(a))。

(2) 作正轴测坐标系 $O_1\text{-}X_1Y_1Z_1$,并在其上取点 1_1、2_1、3_1、4_1,利用平行性得辅助菱形 $a_1b_1c_1d_1$(见图 4.9(b))。

(3) 分别以 b_1、d_1 为圆心以 b_13_1 为半径画弧(见图 4.9(c))。

(4) 连接 b_13_1、b_14_1、d_11_1、d_12_1 得交点 e_1、f_1,分别以 e_1、f_1 为圆心,以 e_11_1 为半径画弧,得由四段圆弧组成的近似椭圆(见图 4.9(d))。

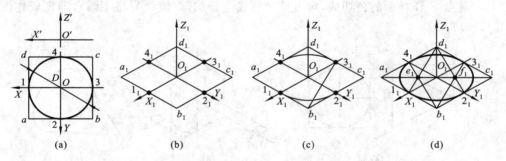

图 4.9　菱形法画平行于 H 面圆的正等轴测图

2. 基本回转体的正等轴测图画法

绘制圆柱、圆锥的正等轴测图,一般先画出顶面圆(或顶点)和底面圆的轴测投影,再画转向轮廓线即可。

1) 绘制圆柱的正等轴测图

(1) 确定坐标系 $O\text{-}XYZ$,在投影为圆的视图上作外切正方形 $abcd$(见图 4.10(a))。

(2) 作正轴测坐标系 $O_1\text{-}X_1Y_1Z_1$ 并在其上取点 1_1、2_1、3_1、4_1,利用平行性得辅助菱形 $a_1b_1c_1d_1$,在 Z_1 上截取圆柱高度 h,作 X_1、Y_1 轴的平行线(见图 4.10(b))。

(3) 作圆柱顶面圆的正等轴测投影。因为顶面圆和底面圆的正等轴测图是形状和大小相同的椭圆,因此可用平移法画底面椭圆,而不必绘制菱形。平移法的作图步骤是将圆心 o_1 和 d_1、e_1、f_1 向下平移圆柱的高度 h,得 g_1、k_1、m_1 三点,根据判断只有前部分椭圆可见,分别以 g_1、k_1、m_1 为圆心,以 d_11_1、e_11_1、f_12_1 为半径画弧,得前部分底圆的正等轴测图(见图4.10(c))。

(4) 作两椭圆的公切线,对可见轮廓线进行加深(虚线省略不画),即完成作图(见图

4.10(d))。

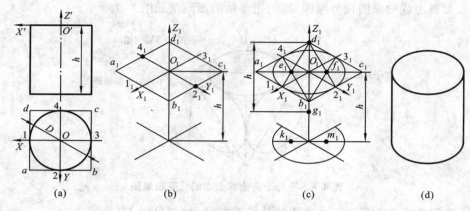

(a)   (b)   (c)   (d)

图 4.10 圆柱的正等轴测图

2）绘制圆锥的正等轴测图

（1）确定坐标系 $O\text{-}XYZ$，在投影为圆的视图上作外切正方形 $abcd$（见图 4.11(a)）。

（2）作正轴测坐标系 $O_1\text{-}X_1Y_1Z_1$ 并在其上取点 1_1、2_1、3_1、4_1，利用平行性得辅助菱形，在 X_1 轴上截取圆锥高度 h 并取点 S_1（见图 4.11(b)）。

（3）过点 S_1 作椭圆的公切线，对可见轮廓线进行加深（虚线省略不画），即完成作图（见图 4.11(c)）。

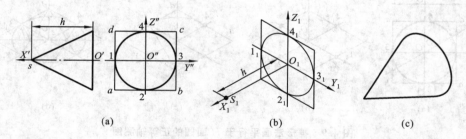

(a)   (b)   (c)

图 4.11 圆锥的正等轴测图

3）绘制圆锥台和球的正等轴测图

图 4.12 所示为圆锥台正等轴测图的画法。圆锥台两端面圆的正等轴测图的画法同前所述，但圆锥台轴测图的外视轮廓线应是大、小椭圆的公切线。

图 4.13 所示为球正等轴测图的画法。球的正等轴测图仍是一个圆。为增加轴测图的立体感，一般采用切去 1/8 球的方法来表达。

3. 平行于基本投影面的圆角(1/4 圆)的正等轴测图

平行于基本投影面的圆角，实际上就是平行于基本投影面的圆的一部分，因此可以用近似法画圆角的正等轴测图。形体上最常见的 1/4 圆周的圆角，其正等轴测图恰好就是上述近似椭圆四段圆弧中的一段（见图 4.14）。

带圆角的长方体底板的正等轴测图的作图步骤如下。

（1）根据视图先画出不带圆角的长方体底板的正等轴测图（见图 4.15(b)）。

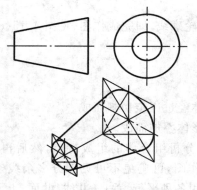

图 4.12　圆锥台的正等轴测图

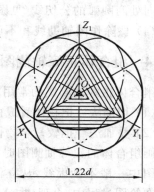

图 4.13　球的正等轴测图

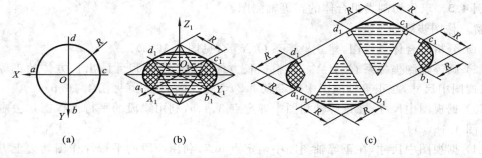

图 4.14　1/4 圆角的正等轴测图

（2）按圆角半径 R 在底板上顶面有圆角的相应棱线上取出切点 1、2、3、4，并过切点作切点所在棱边的垂线，其交点 O_1、O_2 就是轴测圆角的圆心。以 O_1、O_2 为圆心，$O_1 1_1$、$O_2 3_1$ 为半径画圆弧，即为圆角的正等轴测图（见图 4.15（c））。

（3）将 O_1、O_2 向下平移板厚 H，以步骤（2）中相同方法画出底板底面相应圆角，并作轮

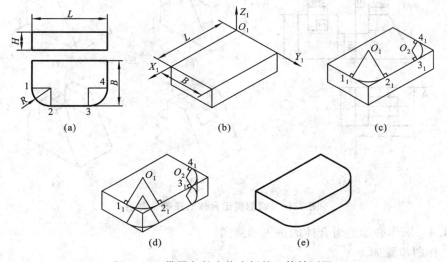

图 4.15　带圆角长方体底板的正等轴测图

廓转向处两圆弧的公切线(见图 4.15(d))。

(4)擦除作图辅助线和不可见轮廓线,加深可见轮廓线,即完成作图(见图 4.15(e))。

4.2.4 组合体正等轴测图的画法

组合体正等轴测图的常用方法简介如下。

(1)切割法 把物体看成由一个简单的基本形体经过逐步切割而成。

(2)叠加法 把较复杂物体看成由一些简单的形体叠加而成。

画组合体的正等轴测图时,先要进行形体分析,分析组合体的组成特点,然后再作图。轴测图中一般不画虚线,从立体的左、前、上面开始作图,可避免不可见部分多余线条的擦除。在绘图过程中,合理建立轴测坐标系,灵活地利用各种平行、垂直、共线、共面、上下左右等位置关系,以加快作图速度,提高作图准确性。

例 4.3 求作切割类组合体的正等轴测图。

解 作图步骤如下。

(1)分析组合体三视图,建立坐标系 $O\text{-}XYZ$(见图 4.16(a))。

(2)画等轴测坐标系 $O_1\text{-}X_1Y_1Z_1$,根据长方体的长、宽、高尺寸画出长方体的正等轴测图,据视图中尺寸,在正等轴测图中确定点 1、2,切去左端的部分(见图 4.16(b))。

(3)据视图中尺寸,在正等轴测图中确定点 3、4、5,利用线段的平行性作图切去右端的角(见图 4.16(c))。

(4)据视图中尺寸,在正等轴测图中确定点 6、7,利用线段的平行性作图切去上方的矩形槽(见图 4.16(d))。

(5)擦去多余作图线,描深可见轮廓线得组合体的正等轴测图(见图 4.16(e))。

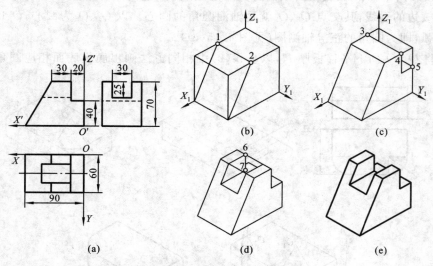

图 4.16 切割类组合体的正等轴测图

例 4.4 求作叠加类组合体的正等轴测图。

解 作图步骤如下。

(1)分析组合体三视图,建立坐标系 $O\text{-}XYZ$(见图 4.17(a))。

（2）画正轴测坐标系 O_1-$X_1Y_1Z_1$，据长方体底板的尺寸画出长方体的正等轴测图（见图 4.17(b)）。

（3）根据视图中尺寸和侧平立板与底板的相对位置，利用线段的平行性完成侧平长方体立板的正等轴测图（见图 4.17(c)）。

（4）根据视图中尺寸和正平三角形肋板与底板、侧平立板的相对位置，完成正平三角形肋板的正等轴测图（见图 4.17(d)）。

（5）根据视图中尺寸和顶板与侧平立板的相对位置，完成顶板的正等轴测图（见图 4.17(e)）。

（6）擦去多余作图线，描深可见轮廓线得组合体的正等轴测图（见图 4.17(f)）。

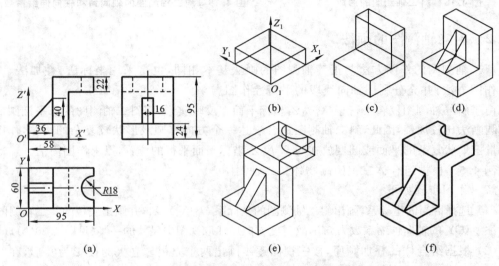

图 4.17　叠加类组合体的正等轴测图

4.3　斜二轴测图

4.3.1　斜二轴测图的形成和画图参数

将物体放正，投射线与投影面倾斜时，这种轴测投影称为斜轴测投影。使投射方向倾斜于轴测投影面，XOZ 坐标平面平行于轴测投影面，得到的轴测图称为正面斜轴测图，这是机械工程中最常用的斜轴测图，简称斜二轴测图，如图 4.18 所示。

在正面斜轴测投影中，XOZ 坐标平面或其平行面上的任何图形在轴测投影面上的投影都反映实形，故无论投射方向如何，OX 和 OZ 轴的轴向伸缩系数总等于 1，即 $p_1 = r_1 = 1$，轴间角 $\angle X_1O_1Z_1 = 90°$。但是 OY 轴的轴向伸缩系数和轴间角大小可独立地变化，其轴向伸缩系数取决于投射线与投影面的夹角大小，其范围为 0 至无穷大。为使斜二轴测图立体感较强和作图方便，常使 O_1X_1 轴水平，O_1Z_1 轴垂直，即 $\angle X_1O_1Z_1 = 90°$、$\angle X_1O_1Y_1 = 135°$，取 Y_1 的轴向伸缩系数为 0.5，则 $q_1 = 0.5$、$p_1 = r_1 = 1$，如图 4.19 所示。

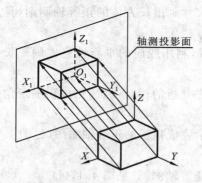

图 4.18 斜二轴测图的形成

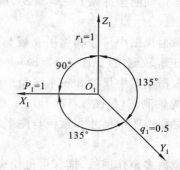

图 4.19 斜二轴测图的轴间角和轴向伸缩系数

4.3.2 斜二轴测图的画法

斜二轴测图的作图方法与正等轴测图的画法基本相同,也是采用坐标法、叠加法、切割法等作图方法,并充分利用轴向线段的平行性作图。

由于斜二轴测图仅在平行于 $X_1O_1Z_1$ 坐标平面上反映实形,而斜二轴测图的水平椭圆和侧面椭圆画法比较烦琐,因此,斜二轴测图适合表达一个方向有圆或形状较复杂的物体,作图时应尽量把形状复杂的平面或圆摆放在与 $X_1O_1Z_1$ 坐标平面平行的位置,以求作图简洁。

例 4.5 根据组合体三视图画物体斜二轴测图。

解 作图步骤如下。

(1) 选择恰当的坐标系,画出斜二轴测图的坐标系 O_1-$X_1Y_1Z_1$,并画出底板的斜二轴测图。

注意:OY_1 的轴向伸缩系数为 0.5,故宽度方向尺寸取视图中尺寸的一半(见图 4.20(b))。

(2) 根据组合体的叠加顺序,按三视图逐步画出两个立板。立板的投影为实形,在宽度方向转向处要画两圆的公切线,注意作图时依次从上而下,由前向后,从左往右,同时注意宽度取半(见图 4.20(c)、见图 4.20(d))。

(3) 最后画圆柱孔,擦去不可见线条,检查加深(见图 4.20(e))。

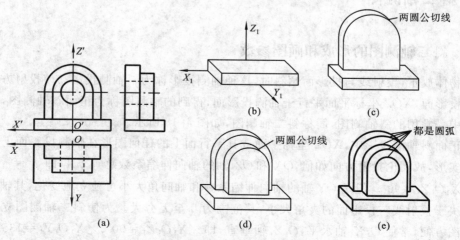

图 4.20 斜二轴测图的绘制

第5章 组 合 体

从构型角度出发,任何形状复杂的机械零件都可以抽象成几何模型——组合体,组合体是由两个或两个以上基本体按一定的相对位置关系和表面关系组合而成的复杂立体。

5.1 组合体概述

5.1.1 组合体的组合形式及表面关系

1. 组合体的组合形式

组合体的组合形式可分为叠加式、切割式和综合式(见图 5.1)。叠加式组合体是基本体和基本体合并而成;切割式组合体是从基本体中挖去一个基本体,被挖去的部分形成空腔、孔洞,或者是在基本体上切去一部分而成;综合式组合体是叠加和切割的综合。

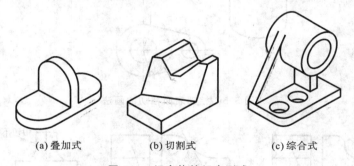

(a) 叠加式	(b) 切割式	(c) 综合式

图 5.1 组合体的组合形式

2. 组合体的表面关系

基本体按叠加式、切割式和综合式组合形成组合体后,各基本体邻接表面间可能产生的表面关系有平齐与不平齐、相切和相交。

1) 平齐

当两基本体的邻接表面平齐,既连接成一个面(共面)时,共面处两基本体邻接表面间不应有分界线(即不画线),如图 5.2(a)所示。

2) 不平齐

当两基本体的邻接表面不平齐,则两基本体邻接表面间应有分界线(即画线),如图 5.2(b)所示。

3) 相切

当两基本体的邻接表面(平面与曲面或曲面与曲面)光滑过渡,则在相切处不画分界线,平面的终止位置画到切点处(见图 5.3)。当相切的平面与曲面或两曲面的公切面垂直于投影面时,在该投影面上的投影要画出相切处的转向轮廓线,如图 5.4 所示。

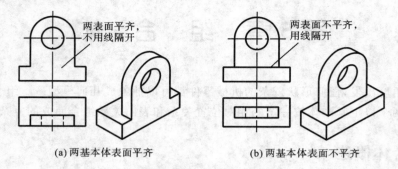

(a) 两基本体表面平齐   (b) 两基本体表面不平齐

图 5.2 相邻表面共面的画法

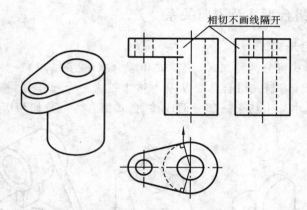

图 5.3 相邻表面相切的画法

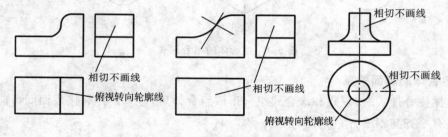

图 5.4 公切面垂直于投影面时相切的画法

4) 相交

两基本体的邻接表面相交,必须画出邻接表面相交处分界交线的投影,如图 5.5 所示。无论是两实体的邻接表面相交,还是实体与虚体或虚体与虚体的邻接表面相交,其交线的本质都一样。只要两基本体的表面性质、大小和相对位置相同,交线就完全相同。

5.1.2 组合体的分析方法

组合体常用分析方法有形体分析法和线面分析法。

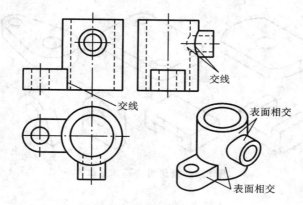

图 5.5 相邻表面相交的画法

1. 形体分析法

假想把复杂的组合体分解为若干个基本体,并确定各基本体间的组合形式和相对位置,这种简化复杂问题的分析方法称为形体分析法。把组合体分解为若干个基本体,仅是一种分析问题的方法,分解过程是假想的,组合体仍是一个整体。

如图 5.6 所示的组合体是由底板、搭子、竖板在叠加的基础上,再在底板上挖出四棱柱、在搭子上挖出圆柱头长方体、在竖板上挖出圆柱而形成。搭子在底板上方居中,竖板在底板上方靠右侧且与底板右端面共面。

图 5.7 所示的组合体是在长方体上挖去Ⅰ、Ⅱ、Ⅲ三个简单形体而成。

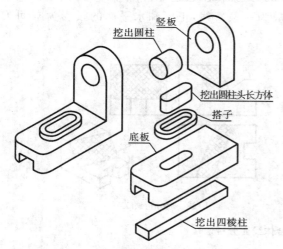

图 5.6 组合体形体分析法(一)

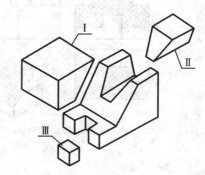

图 5.7 组合体形体分析法(二)

形体分析法是画组合体三视图、看组合体三视图和组合体尺寸标注最基本的方法之一。运用形体分析法假想分解组合体时,分解的过程并非是唯一和固定的。尽管分析的中间过程各不相同,但其最终结果都是相同的。因此对一些常见的简单组合体,可以直接把它们作为构成组合体的基本形体,不必作更细的分解。图 5.8 所示为一些常见的组合基本形体。

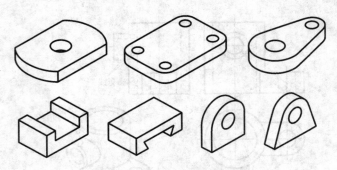

图 5.8　常见组合基本形体

2. 线、面分析法

　　根据线、面的正投影规律,分析组合体的各表面及表面间交线与视图中的线框、图线的对应关系,进行画图和读图的方法称为线、面分析法。

　　在组合体画图、读图、构型的实践中,一般以形体分析法为主。但当组合体的某些表面是投影面的垂直面或一般位置面,或者邻接表面相交、相切、共面后产生较为复杂的连接关系时,常常运用线、面分析法作进一步的分析。

　　由正投影理论知,视图中每一个封闭线框都表示立体某个表面的投影或孔洞的投影;视图中每一条图线可能表示垂直面或棱线的投影,或表示回转面转向轮廓线的投影;视图中的一个点可能是立体上一条棱线的积聚性投影。

　　如图 5.9(a)所示的立体是长方体经过多次切割而成,通过分析,平面 P 为侧垂面。根据平面的正投影特性,P 面的侧面投影积聚应为一条直线,正面和水平面的投影为空间 P 面的类似形。

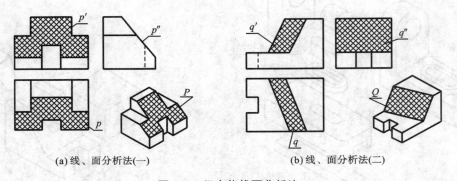

(a) 线、面分析法(一)　　　　　　　　　(b) 线、面分析法(二)

图 5.9　组合体线面分析法

　　如图 5.9(b)所示的立体也是长方体经过多次切割而成,通过线、面分析,平面 Q 为一般位置平面。根据平面的正投影特性,Q 面的正面、水平面和侧面投影均应为空间 Q 面的类似形。

　　对于线、面的正投影特性,其真实性一般容易掌握,其积聚性和类似性在画图和看图过程中容易产生错误,而类似性通常是检验组合体画图或看图正确与否的重要方法。

5.2　组合体三视图的画法

　　画组合体三视图时,首先应运用形体分析法把组合体分解为若干基本体,分析并确定各基本体之间的相对位置及组合形式,判断基本体邻接表面间的连接关系;然后再根据分析结果和投影关系逐个画出各基本体的三视图,同时分析检查那些处于共面、相切或相交位置的邻接表面的投影是否正确,即有无漏线和多余线;最后对局部难懂的结构运用线、面分析法进行重点分析、校核,以确保能正确地绘制组合体的三视图。

　　下面以如图 5.10 所示的轴承座为例,说明组合体三视图的作图步骤。

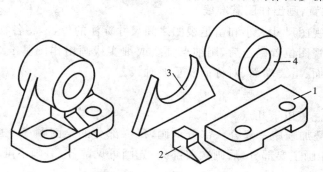

图 5.10　轴承座轴测图

1—底板;2—肋板;3—立板;4—圆柱筒

1. 形体分析

　　如图 5.10 所示,轴承座可分解为底板、肋板、立板和圆柱筒四部分,是叠加形式的组合体。立板位于底板上方后侧,其后端面与底板后端面平齐,立板的左、右侧面与圆柱筒外表面相切;肋板位于底板上方左右居中,肋板后端面与立板前端面平齐,立板与圆柱筒相交。

2. 视图选择

　　视图选择的关键是选择主视图,主视图确定了,其他两个视图就确定了。主视图是三视图中最主要的视图,应能反映组合体的形状特征,并能兼顾其他视图的合理选择。

　　(1)组合体摆放位置　一般选择组合体的自然位置或将组合体主要表面和主要轴线放置成与投影面平行或垂直的位置。

　　(2)投射方向　应选择反映组合体各部分的形状和位置关系较为明显的方向作为主视图的投影方向,同时还要考虑俯视图和左视图的投影虚线尽量少。

　　如图 5.11 所示,将轴承座按自然位置放正后,分析图中 A、B、C 三个投射方向,A 向投影最能反映形状特征且视图中虚线最少,故确定 A 向为主视图的投射方向。

3. 选择图纸幅面和比例

　　视图表达方案确定后,根据组合体的复杂程度和尺寸大小,选择符合国家标准的图幅和比例,一般尽量选用 1:1 比例。图幅大小要根据所绘制视图的面积大小及标注尺寸的空间和标题栏的位置而定。

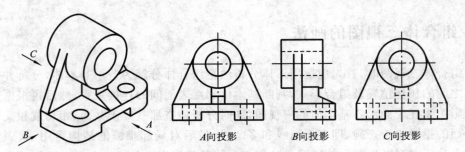

图 5.11　轴承座主视图的选择

4.布置视图位置,画出作图基准线

要综合考虑各视图尺寸大小和留足视图之间尺寸标注的位置,将各视图均匀、合理地布置在作图框中。各视图位置确定后,用细点画线或细实线画出作图基准线。作图基准线一般选用组合体的底面、重要端面、对称面及重要轴线。

5.绘制底稿

绘制底稿时应注意以下几点。

(1)画图时按叠加顺序一部分一部分地画,每一部分的绘图顺序一般是先从形状特征明显的视图入手,先画主要部分,后画次要部分;先画可见部分,后画不可见部分;先画弧线,后画直线。

(2)画图时,每个基本组成部分最好是三个视图配合着画,并注意不同表面间连接关系的正确表达。

轴承座的具体绘图步骤如图 5.12 所示。

如图 5.12(a)所示,绘制作图基准线。

如图 5.12(b)所示,绘制底板的三视图,底板应先画俯视图,再画主、左视图。

如图 5.12(c)所示,绘制圆柱筒的三视图,圆柱筒应先画主视图,再画俯、左视图,同时注意遮挡关系的处理。

如图 5.12(d)所示,绘制立板的三视图,立板应先画主视图,注意立板和圆柱筒表面相切关系的正确表达和各组成部分之间遮挡关系的处理。

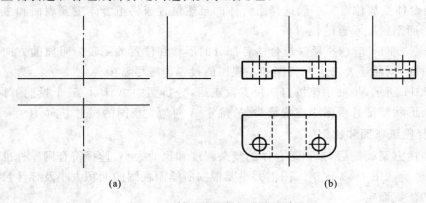

(a)　　　　　　　　　　　　　　　(b)

图 5.12　轴承座三视图的画图步骤

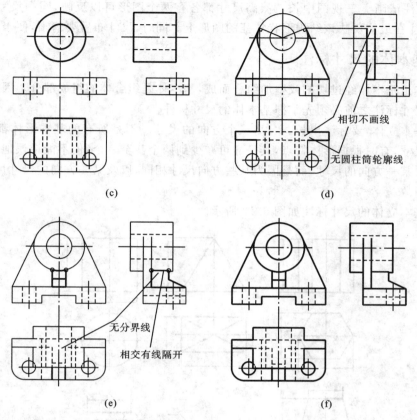

相切不画线

无圆柱筒轮廓线

(c)　　　　　　　　　　(d)

无分界线

相交有线隔开

(e)　　　　　　　　　　(f)

续图 5.12

　　如图 5.12(e)所示,绘制肋板的三视图,肋板应将主、左视图结合起来画,注意肋板和圆柱筒表面相交关系的正确表达,同时注意遮挡关系的处理。

6. 检查、描深

　　画完底稿后,应按基本体逐个仔细检查其投影,并对组合体上主要表面及处于共面、相切、相交等特殊位置的邻接表面进行重点校核,纠正错误和补充遗漏,最后描深图线,如图 5.12(f)所示。

5.3　组合体的尺寸标注

　　尺寸标注是图样的重要组成部分,视图只能表达立体的形状,其大小需要尺寸来确定。前面已经介绍尺寸注法和平面图形的尺寸标注,本节主要介绍基本体和组合体的尺寸标注。

5.3.1　组合体尺寸标注要求

　　(1) 标注正确　尺寸标注应符合国家标准《机械制图》的有关规定(GB/T 16675.2—1996、GB/T 4458.4—2003)。

　　(2) 标注完整　各部分尺寸应完整,要保证图形的绘制,既不重复也不遗漏。

（3）标注清晰　三视图中长、宽、高尺寸都各有两个图形可以反映,同一尺寸只标注一次,并应标注在最能反映该结构形状特征的图形上。同时,尺寸布置要清晰,便于查找。

5.3.2　基本体的尺寸标注

组合体是基本体经过切割或叠加组合而成,基本体是组合体的组成部分。因此,在学习组合体的尺寸标注之前必须先掌握基本体的尺寸标注。

对于基本立体,要标注出长、宽、高三个方向的尺寸。不是所有的基本形体都要注出三个方向的尺寸,有时根据形体特点,其尺寸可减少到两个甚至一个,但不能错误地认为,该基本体不需要某一方向的尺寸,而是因为某些方向尺寸相同,以及某一方向的尺寸可由几何关系确定的缘故。

常见基本立体的尺寸标注如图 5.13 所示。

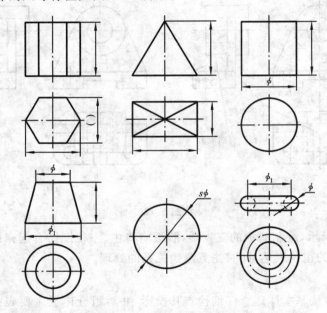

图 5.13　基本立体的尺寸标注

5.3.3　切割体和相贯体的尺寸标注

1. 切割体的尺寸标注

基本体被截切时,除了要标注基本体的定形尺寸,还需要标注截切面的定位尺寸,并把定位尺寸集中标注在具有切口、切槽的特征视图上。截切面的位置确定后,截交线则利用截交线的性质作图求出,所以不应该给截交线标注尺寸。一般情况下,若截切面为投影面平行面,需要一个尺寸定位;若截切面为投影面垂直面,需要两个尺寸定位。基本体被切割的尺寸标注示例如图 5.14 所示。

2. 相贯体的尺寸标注

基本体相贯时,除了要分别标注各基本体的定形尺寸,还需要标注反映各基本体位置的

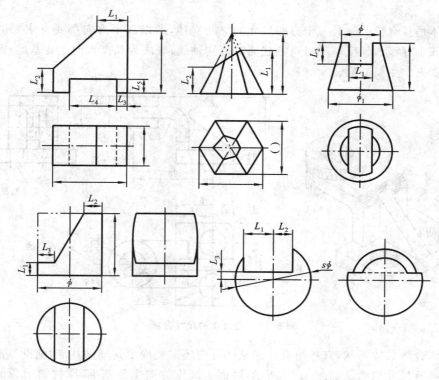

图 5.14　切割基本体的尺寸标注

定位尺寸,并把定位尺寸集中标注在反映基本体相对位置最明显的特征视图上。

影响相贯线的因素有基本体的形状、大小、相对位置,当这些要素确定以后,则利用相贯线的性质作图求出相贯线,所以不应该给相贯线标注尺寸。

相贯体的尺寸标注示例如图 5.15 所示。

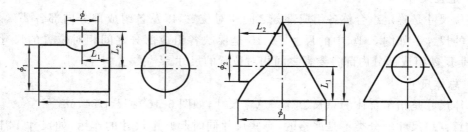

图 5.15　相贯体的尺寸标注

5.3.4　组合体的尺寸分析和标注

1. 组合体的尺寸分析

1) 尺寸基准

尺寸基准是尺寸标注的起点,标注组合体尺寸时应首先确定尺寸基准。尺寸基准应该体现组合体的结构特点,一般应选择组合体的底面、重要端面、对称平面和回转轴线等作为尺寸基准。

组合体是具有长、宽、高三个方向尺寸的空间立体,所以三个方向都要有主要的尺寸基准。如图 5.16 所示,长度基准可选圆柱筒的回转轴线;底面为高度方向主要基准;前后对称平面为宽度方向主要基准。

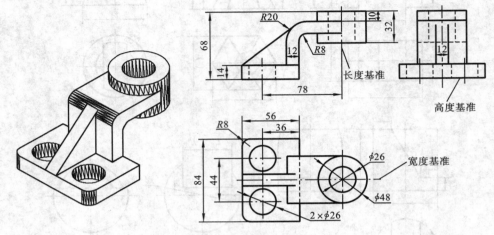

图 5.16　组合体的尺寸分析

根据组合体具体形状,有些组合体在某些方向还需要确定其辅助基准,辅助基准和主要基准之间要有尺寸联系。如图 5.16 所示,底面为高度方向主要基准,圆柱筒上顶面为高度方向辅助基准,它们之间由尺寸 68 联系。

2)定形尺寸

定形尺寸是确定组合体各组成部分的形状和大小的尺寸。如图 5.16 中的尺寸 84、56、14、R8 是反映底板长、宽、高及圆角半径的定形尺寸。

3)定位尺寸

定位尺寸是确定组合体各组成部分之间相对位置,以及各组成部分内部各要素之间相对位置的尺寸。如图 5.16 中的尺寸 78、10 是反映各组成部分之间相对位置的尺寸;尺寸 44、36 是反映组成部分内部各要素之间相对位置的尺寸。

4)总体尺寸

总体尺寸是指组合体的总长、总高、总宽尺寸,如图 5.16 中尺寸 84、68。

注意:(1)尺寸的分类不是严格的,有些尺寸同时起几个尺寸的作用,如尺寸 14 既是底板的定形尺寸也是肋板和弯板的定位尺寸;尺寸 84 既是底板的定形尺寸也是组合体的总体尺寸。

(2)当组合体的某一方向为回转体时,一般不直接标注总体尺寸,而用回转体中心的定位尺寸和回转体半径共同反映该方向总体尺寸,如图 5.17 长度方向总体尺寸由 L_1、R 尺寸确定;高度方向的总体尺寸由尺寸 L_2、R_1 尺寸确定。

2. 组合体的尺寸标注步骤

叠加类和切割类组合体尺寸标注方法有所不同,下面分别介绍标注尺寸的方法和步骤。

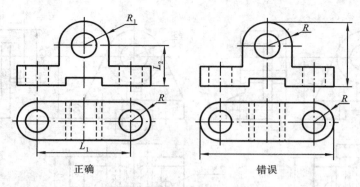

正确　　　　　　　　　错误

图 5.17　组合体的总体尺寸标注

1）叠加类组合体的尺寸标注（以轴承座为例说明）

（1）形体分析，并确定长、宽、高尺寸标注基准　如图 5.18（a）所示，按照前面学习的形体分析法，把组合体分成底板、圆柱筒、立板、肋板四个基本组成部分，并选择图示平面为长、宽、高尺寸标注的主要基准。

（2）标注各组成部分独立的定形尺寸　由于把组合体分解为相对简单的基本部分是一个假想行为，组合体实际是一个整体，故只需要标注各部分独立的定形尺寸，与其他组成部分相关的定形尺寸不标注，如图 5.18（b）所示。

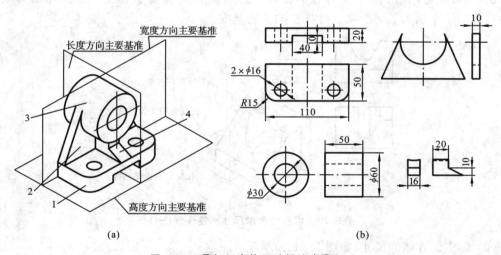

(a)　　　　　　　　　(b)

图 5.18　叠加组合体尺寸标注步骤（一）

1—底板；2—立板；3—圆柱筒；4—肋板

（3）标注各组成部分的定位尺寸　根据所选定的长、宽、高方向主要基准，相对于基准标注各组成部分之间的定位尺寸（70、15）和比较综合的组成部分内部各要素的定位尺寸（70、35），如图 5.19（a）所示。

（4）尺寸调整，标注所有尺寸并检查　分析总体尺寸，并检查所有尺寸是否遗漏或重复，布置是否清晰，如图 5.19（b）所示。

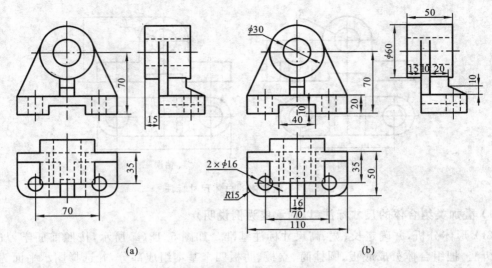

(a)   (b)

图 5.19　叠加组合体尺寸标注步骤(二)

2) 切割类组合体的尺寸标注(以长方体被切割为例说明)

(1) 形体分析,并确定长、宽、高尺寸标注基准　如图 5.20 所示,按照前面学习的形体分析法,组合体可以看做是长方体在前面被切去一个角、在上方被挖去一个燕尾槽而成,分析并选择图示平面为长、宽、高尺寸标注的主要基准。

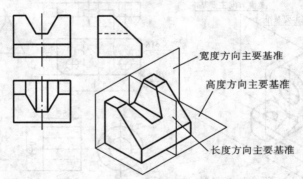

图 5.20　切割组合体尺寸标注步骤(一)

(2) 标注长方体的尺寸,如图 5.21(a)所示。

(3) 按截切顺序标注各截切面的定位尺寸,截交线的尺寸不标注,通过作图求出。

①如图 5.20 所示,前面的斜角由一个侧垂面截切而成,侧垂面需要两个定位尺寸,如图 5.21(b)所示。

②如图 5.20 所示,上方的燕尾槽由两个正垂面和一个水平面共同截切而成,正垂面需要两个定位尺寸(注意对称结构对称标注),水平面需要一个定位尺寸,如图 5.21(c)所示。

(4) 尺寸调整,标注所有尺寸并检查　分析总体尺寸,并检查所有尺寸是否遗漏或重复,布置是否清晰,如图 5.21(d)所示。

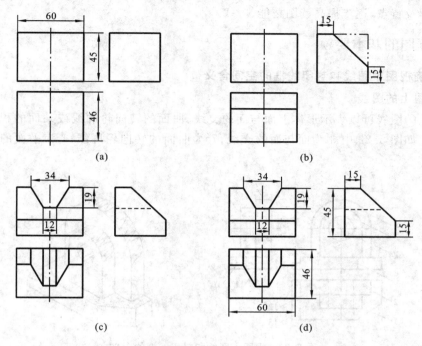

图 5.21　切割组合体尺寸标注步骤(二)

3. 组合体的尺寸标注的注意事项

(1) 为使图形清晰,尺寸最好布置在视图外侧,相邻视图的相关尺寸最好布置在两视图之间。如图 5.19(b)中尺寸 35、50、70 等。

(2) 各组成部分的尺寸尽量集中标注在反映形状特征或相对位置较明显的视图上,如图 5.19(b)中尺寸 35、50、100、R5、2×φ16 等;又如图 5.21 中尺寸 15、34、12、19 等。

(3) 回转体的尺寸尽量标注在非圆视图上,如图 5.19(b)左视图中尺寸 φ60;半径尺寸必须标注在投影为圆弧的视图上,如图 5.19(b)俯视图中尺寸 R5。

(4) 尽量避免在虚线上标注尺寸。

(5) 不从对称中心线上引尺寸,对称图形要对称标注,如图 5.19(b)中尺寸 70、100、40等。

(6) 同一方向几个连续或断续的尺寸应尽量标注在同一直线方向上,如图 5.19(b)左视图中尺寸 15、10、20 等。

(7) 标注同一方向尺寸时,应按"小尺寸在内,大尺寸在外"的原则排列,尽量避免尺寸线与尺寸界限相交。

5.4　读组合体的视图

读组合体的视图,就是根据已知视图,应用投影规律,想象出组合体的空间结构形状。画图和读图是学习制图的两个重要环节,读图是画图的逆过程。要想能够正确、迅速地读懂视图,必须掌握读图的基本要领和基本方法,培养空间想象和形体构思能力,总结各类形体的形成过程及特点,逐步提高读图技能。

5.4.1 读图的基本要领

1. 明确视图中图线和封闭线框的空间含义

1)视图上的图线

视图上的图线可以表示形体上面与面的交线、曲面的转向轮廓线或某面的积聚性投影三种情况。如图5.22中3′为面与面的交线;7″为曲面的转向轮廓线;1为平面的积聚性投影。

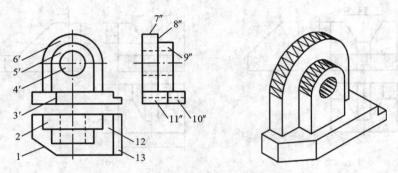

图5.22 视图上图线和封闭线框的含义

2)视图上的封闭线框

视图上的封闭线框可以表示形体的平面、曲面,以及曲面和其切平面的组合投影三种情况。如图5.22中线框11″表示平面;线框2表示圆柱面;线框9″为平面和圆柱面的组合。

3)视图上相邻的封闭线框

视图上相邻的封闭线框表示两个不同位置的表面:两表面若相交,则封闭线框的公共边为两表面的分界交线,如图5.22中线框10″和11″;若不相交,则公共边为把两个表面错开的第三个表面的投影,如图5.22中线框12和13,7″和8″。

视图上嵌套封闭线框,一般表示形体的凹凸关系或通孔,如图5.22中线框4′、5′、6′。5′是在6′表面上的凸起,4′则是5′表面上开的圆柱孔。

2. 多做形体积累,善于构思形体空间形状,并在读图过程中不断修正形体形状

形体积累除柱、锥、球、环这些基本体外,还包括一些基本体经简单切割或叠加构成的简单组合体,看图时要善于根据视图构思出这些形体的空间形状。

如图5.23(a)所示的第一组在主视图上看到都是矩形线框,可以想象出很多形体,如四棱柱、圆柱、四棱柱上挖去半圆柱等;如图5.23(b)所示的第二组在主视图上看到都是圆形线框,可以想象是圆柱、圆锥、圆球等。

如图5.24(a)所示,通过主视图的最外线框是一个矩形,俯视图是一个圆形线框,则其主体应该是一个圆柱,再联系左视图是一个三角形,主视图矩形线框内有半个椭圆,俯视图中圆形线框中间有一条粗实线,进一步分析所示组合体是圆柱体被两个侧垂面切去了前后两块。

看图的过程就是根据视图不断修正想象中组合体的思维过程。如图5.24(b)所示,根据主、俯两视图有可能构思出第一种形体(半球顶),但对照左视图就会发现图有不相符,此

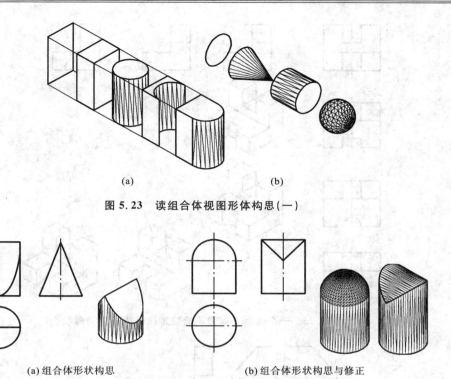

图 5.23　读组合体视图形体构思（一）

(a) 组合体形状构思　　　　(b) 组合体形状构思与修正

图 5.24　读组合体视图形体构思（二）

时需根据它们左视图之间的差异来不断修正所构思的形体,最后构思出图示第二种形体(弧形顶)。

3. 将几个视图联系起来分析

在工程图样中,通常是用几个视图共同表达物体形状的。组合体一般用三视图来表达,每个视图只能反映组合体一个方向的投影形状,而不能概括其全貌,如图 5.25 所示,形体 1 和形体 2 的主视图和左视图相同,但它们是不同形状的组合体;形体 3 和形体 4 的主视图和俯视图相同,但它们是不同形状的组合体。所以,只根据一个或两个视图不能确定组合体的形状,必须将几个视图联系起来分析。

4. 要抓住特征视图分析

对组合体的各组成部分而言,特征视图最能反映其形状特征和相互位置关系,要抓住特征视图进行分析,有助于想象组合体空间形状。

如图 5.26 所示,主视图最能反映形体 1 的形状特征;左视图最能反映形体 2 的形状特征;结合主视图和俯视图最能反映形体 3 的形状特征和各组成部分的相对位置。

5. 对组合体线框进行合理分块

分析线框、想象形体是看组合体视图常用的一种方法。表示形体的封闭线框,可能是单一的基本体(平面立体或回转体),也可能是基本体的组合。所以,划分形体的封闭线框范围时也是比较灵活的,要以方便想出基本形体形状为原则。如图 5.27 所示的三种不同分块法,比较而言,第三种分析方法比较复杂。

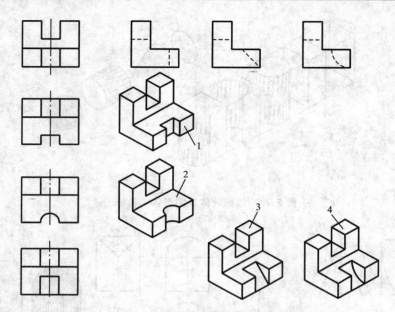

图 5.25   一个或两个视图不能确定组合体的空间形状

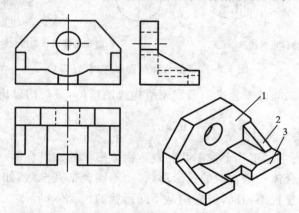

图 5.26   抓住特征视图分析组合体的空间形状

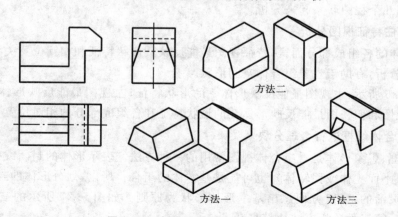

图 5.27   合理划分线框分析组合体

5.4.2　读图的基本方法

根据组合体的组合形式,看图时主要采用的方法是形体分析法,必要时采用线、面分析法进行辅助。

1. 采用形体分析法读组合体视图

形体分析法是读图的基本方法,其基本思路是根据已知视图,将图形分成若干基本组成部分,然后按照投影规律和各视图之间的联系,分析想象各组成部分的形状和位置,从而想象出整个组合体的空间形状。

如图 5.28(a)所示,利用形体分析法把组合体分解成 1、2、3 三个部分,然后逐个构思各线框的空间形状和位置,在初步想象出组合体后,应按照投影特性验证各组成部分的投影及表面关系是否正确,最后综合起来想象整个组合体的形状,分析步骤分别如图 5.28(b)、(c)、(d)、(e)、(f)所示。

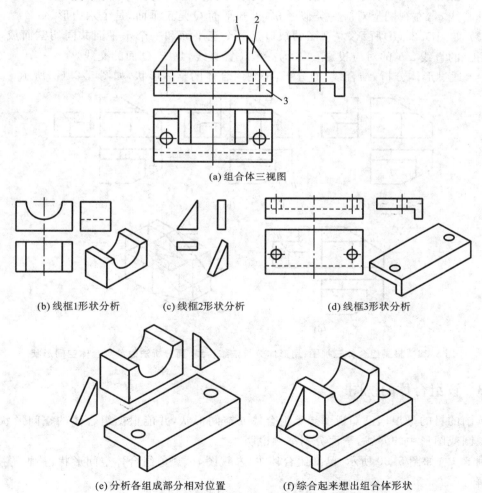

(a) 组合体三视图

(b) 线框1形状分析　　(c) 线框2形状分析　　(d) 线框3形状分析

(e) 分析各组成部分相对位置　　(f) 综合起来想出组合体形状

图 5.28　根据组合体三视图,用形体分析法想象组合体空间形状

2. 采用线、面分析法读组合体视图

线、面分析法是形体分析法读图的补充。由线、面的正投影知识可知,构成组合体的各交线和表面,它们的投影如果不具有积聚性,就是空间形状的实形或类似形。在读图过程中,对于形状复杂的组合体,一些不易读懂的部分,常用线、面的投影特性来分析其形状和相对位置,从而想象出组合体的整体形状。

如图 5.29(a)所示,用形体分析法可以把组合体看成由一个长方体经过多次切割而成。主视图表示长方体的左上方切去一个角;俯视图表示长方体的左前方切去一个角;左视图表示长方体的左上方切去一个长方体。每次切割后是什么形状,都需要进一步用线、面分析法进行分析。

(1) 如图 5.29(b)所示,利用投影对应关系分析主视图线框 p' 的对应投影,俯视图只能对应一斜线 p,左视图上对应一类似形 p'',可知平面 P 是铅垂面,是个五边形。

(2) 如图 5.29(c)所示,利用投影对应关系分析俯视图线框 q 的对应投影,主视图只能对应一斜线 q',左视图上对应一类似形 q'',可知平面 Q 是正垂面,是个六边形。

(3) 如图 5.29(d)所示,左视图的缺口是一个正平面和一个水平面共同切割而成,分析左视图上的直线 $a''b''$ 的对应投影,AB 为一般位置直线,是 P、Q 面的交线。

(4) 通过形体分析,结合线、面分析,得到组合体的整体形状,如图 5.29(e)所示。

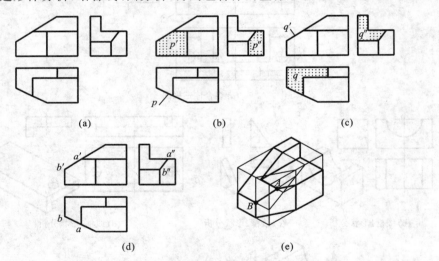

图 5.29 根据组合体三视图,用形体分析法结合线、面分析法想象组合体空间形状

5.4.3 读组合体的视图

读图的目的是根据已知视图想象组合体的空间形状,并能根据组合体的空间形状补画第三视图或图形中的漏线,下面分别举例说明。

例 5.1 如图 5.30 所示,已知组合体主、左视图,试想象组合体空间形状,补画俯视图。

解

(1) 确定基本形体。根据主、左视图,组合体基本形状可以看做由图 5.31(a)所示的底座和空心半圆柱两个基本形体叠加而成。

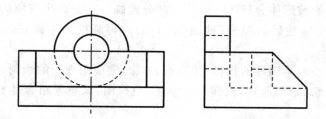

图 5.30 组合体主、左视图

(2) 划分线框,找对应投影,分析各组成部分形状。如图 5.31(b)所示,底座可以看做是在后方挖去一个直径不等的半圆柱,在前方挖去一个三棱柱而形成。

(3) 综合起来想整个形体,如图 5.31(c)所示。

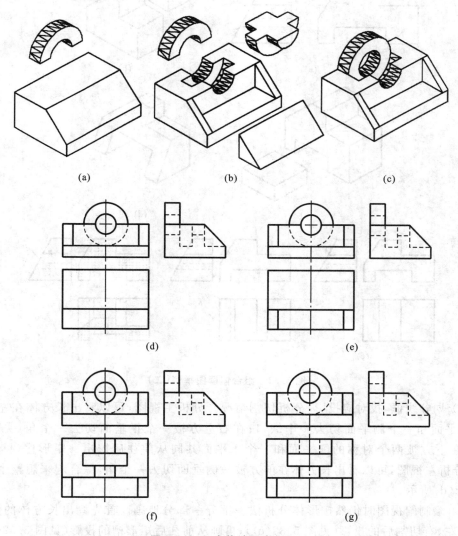

(a) (b) (c)

(d) (e)

(f) (g)

图 5.31 组合体读图举例(一)

（4）俯视图仍然按形体分析法一部分一部分地画。首先画出底座的俯视图（见图 5.31（d）），然后画挖去三棱柱后的投影（见图 5.31（e）），再画挖去半圆柱后的投影（见图 5.31（f））。

（5）最后叠加空心半圆柱的投影，并检查、加深，完成俯视图的绘制（见图 5.31（g））。

例 5.2 如图 5.32（a）所示，已知组合体主、左视图，试想象组合体空间形状，补画俯视图。

解

（1）确定基本形体。根据主、左视图，组合体可以看做由长方体经多次切割而成。

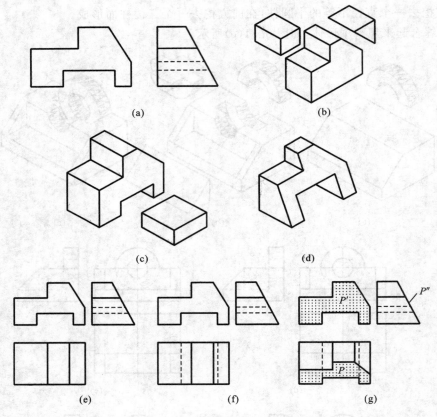

图 5.32 组合体读图举例（二）

（2）划分线框，找对应投影，分析切割情况。分析主视图，可以看出长方体在左上方被一个水平面和一个侧平面切去一个缺口；在右上方被一个正垂面切去一个角（见图 5.32（b）），在下方被两个对称的侧平面和一个水平面共同从前往后挖出一矩形槽（见图 5.32（c））；分析左视图，可以看出长方体在前方被一侧垂面切去一个角，综合起来想整个形体如图 5.32（d）所示。

（3）绘制俯视图时仍然按形体分析法一部分一部分地画。首先画出长方体的俯视图，然后画左、右切割后的投影（见图 5.32（e）），再画从前往后矩形槽的投影（见图 5.32（f））。

（4）最后绘制前方侧垂面截切的投影，并用线、面分析法分析 P 面的投影是否正确，检查、加深,完成俯视图的绘制(见图 5.32(g))。

例 **5.3**　如图 5.33(a)所示,分析组合体的三视图,试想象组合体空间形状,补画视图中的漏线。

解

(1) 分析组合体三视图,可以看出组合体外部结构是由两个圆柱叠加,并用两个正平面在前、后方同时截切而成,截切面和两个圆柱表面都是相交的表面关系,如图 5.33(b)所示。

(2) 进一步分析内部结构,根据已知投影可以看出底部大圆柱左右都有孔,先是圆锥孔,再是圆柱孔;顶部小圆柱正中有孔,先是大四方孔,再是小四方孔,大小四方孔的前后表面平齐,如图 5.33(c)所示。

(3) 综合分析,根据不同结构和不同表面间的关系,补全图中的漏线,如图 5.33(d)所示。

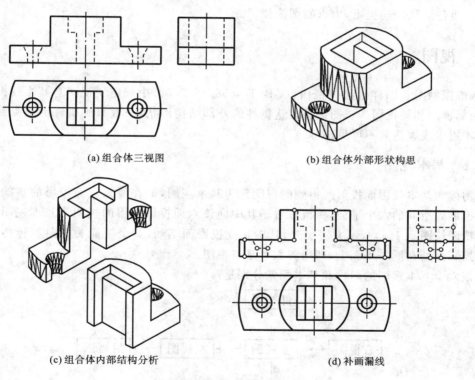

(a) 组合体三视图

(b) 组合体外部形状构思

(c) 组合体内部结构分析

(d) 补画漏线

图 **5.33**　组合体读图举例(三)

第6章 机件的表达方法

在工程实际中,因使用场合和要求的不同,机件(包括零部件和机器)的结构形状也呈现出多样性,当用三视图来表达结构复杂的机件时就难以表达完整和清晰,国家标准 GB/T 4458.1—2002、GB/T 4458.6—2002、GB/T 17452—1998 等规定了机件的各种表达方法。本章主要介绍视图、剖视图、断面图和其他规定及简化画法等"图样画法",要求掌握这些表达方式的画法、配置、标注和适用场合。通过学习,在绘制技术图样时,首先要考虑看图方便,然后根据机件的结构特点,选用适当的表示方法。表达方案的选择原则是在完整、清晰地表示机件形状的前提下,力求制图简便。

6.1 视图

《机械制图 图样画法 视图》(GB/T 4458.1—2002)中规定了视图有基本视图、向视图、局部视图和斜视图。视图侧重表达机件的外部结构形状,一般只画机件的可见部分,必要时才用虚线表达其不可见部分。

6.1.1 基本视图

物体向基本投影面投射所得到的视图称为基本视图,即在原来三面投影的基础上将投影面扩展到空间的六个平面,将机件置于其中向该六面投影所得的视图为基本视图。六个投影视图按图 6.1(a)所示方法展开,其中正立投影面不动,其余按箭头方向旋转打开并与正立投影面处在同一平面上,即得到六个基本视图。

该六个基本视图的名称和基本配置分别是:

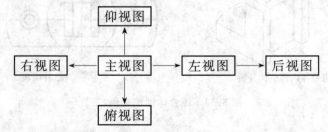

其中新增加的三个视图的投射方向分别为:右视图——由右向左投影、仰视图——由下向上投影、后视图——由后向前投影,展开后各视图的配置如图 6.1(b)所示。

在同一张图样内按照这种规定位置配置视图时,不标注视图的名称。且视图间仍保持"长对正、高平齐、宽相等"的投影规律,即主视图、俯视图和仰视图长对正(后视图同样反映零件的长度尺寸,但配置在左视图的右边),主视图、左、右视图和后视图高平齐,左、右视图与俯、仰视图宽相等。另外,主视图与后视图、左视图与右视图、俯视图与仰视图还具有轮廓对称性。

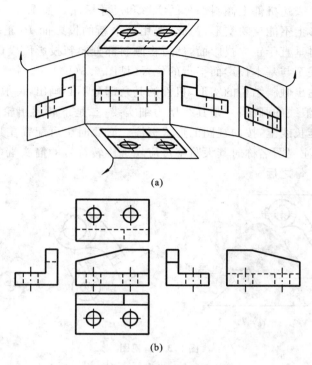

图 6.1　六个基本视图及配置

6.1.2　向视图

　　向视图是可自由配置的视图。为了合理布图,各视图可以不按规定位置配置而进行适当调整,此时应在视图的上方标注"×"("×"为大写的拉丁字母,如 A、B、C、…、F),在相应的视图附近用箭头指明投射方向,并注上相同的字母,如图 6.2 所示。

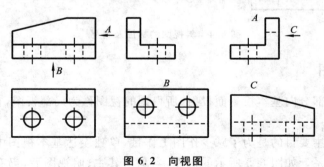

图 6.2　向视图

　　绘图时应根据机件的结构特征选择恰当的视图及数量,一般优先考虑主视图、俯视图和左视图,主视图是一组视图的中心,任何机件的表达都必须有主视图。

6.1.3　斜视图

　　物体向不平行于基本投影面的平面投射所得的视图称为斜视图。

斜视图主要用于表达机件上倾斜部分的实形和尺寸标注。如图 6.3(a)所示的连杆,其倾斜部分在水平投影上不能反映实形,为此,选用一个新的投影面 P(正垂面),使它与机件的倾斜部分平行同时垂直于正立投影面,然后将倾斜部分向新投影面投影,得到反映实形的视图并可将其旋转展至与基本投影面平行的位置(见图 6.3(b))。

斜视图只需表达出倾斜结构的实形,机件的其余部分不必画出,一般用波浪线或双折线将两者断开,注意波浪线的画法:一是其线型为细实线;二是不能超出轮廓线。斜视图一般布置在投射方向的延长线上,按向视图的形式标注。必要时也可配置在其他适当位置,允许将视图旋转配置,标注视图名称时其大写字母应靠近旋转符号的箭头端(见图 6.4),也允许将旋转角度标注在字母之后。

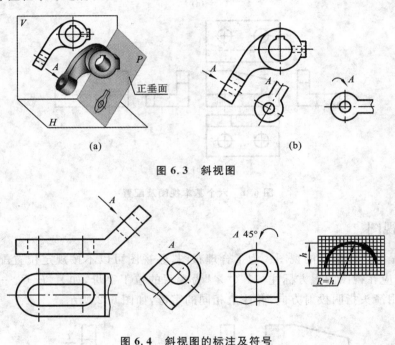

图 6.3 斜视图

图 6.4 斜视图的标注及符号

6.1.4 局部视图

将物体的某一部分向基本投影面投射,所得到的视图称为局部视图,它是一个不完整的基本视图。

画局部视图的主要目的是为了减少作图工作量,单独表达基本视图中尚未表达清楚的结构和相对位置关系。如图 6.5 所示的机件,当画出其主、俯视图后,仍有左右两侧的凸台没有表达清楚。因此,用 A、B 两个局部视图来补充表达,省略左视图和右视图,既减少作图量,又简单清晰。

局部视图的断裂边界用波浪线画出,如图中局部视图 A;当所表达的局部结构是完整的,且外轮廓又成封闭时,波浪线可以省略,如图中的局部视图 B。注意波浪线的画法,图 6.5(c)中波浪线画法是错误的。

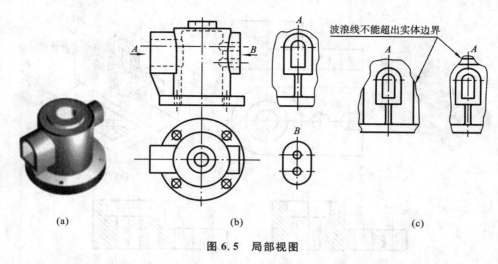

图 6.5　局部视图

　　局部视图可按基本视图的配置形式配置,如图 6.4 所示的俯视图,也可按向视图的配置形式配置并标注。局部视图一般布置在投射箭头所指方向的附近,用 A、B……来指明投影方向,同时在视图上方标注相应的字母。当局部视图按投影关系配置,中间又无其他图形隔开时,可省略各标注。

6.2　剖视图

　　剖视图主要用于表达机件内部的结构特征,一般分为:全剖视图、半剖视图和局部剖视图三种,其视图可以通过单一剖切面、多个(平行、相交及组合平面)剖切得到。

6.2.1　剖视图概述

1. 剖视图的概念

　　如图 6.6(a)所示,当用视图表达机件时,机件上不可见的结构形状必须用虚线表示,若内部结构形状越复杂,则虚线就越多,不利于读图和标注尺寸。为了将机件的内部结构表达清楚,尽可能地避免出现虚线,经常采用剖视图来表达。

　　图 6.6(b)表示获得剖视图的过程,假想用剖切平面把机件切开,移去观察者与剖切平面之间的部分,将留下的部分向投影面投射得到的视图称为剖视图,简称剖视(见图 6.6(c))。

　　剖切平面与机件接触的部分,称为断面。断面是部切平面和物体相接触部分构成的图形。为了区分实体和空心部分,一般在断面的实体处画上剖面符号(见图 6.6(c))。

2. 画剖视图的注意事项

　　(1) 剖切面要尽可能多的经过机件的内部结构,一般选择其位置分布所在的对称平面,且平行于基本投影面。

　　(2) 剖切是假想的,实际上机件仍保持完整,所以画其他视图时,仍应按完整的机件画出。如图 6.6(d)中俯视图的画法是不正确的。

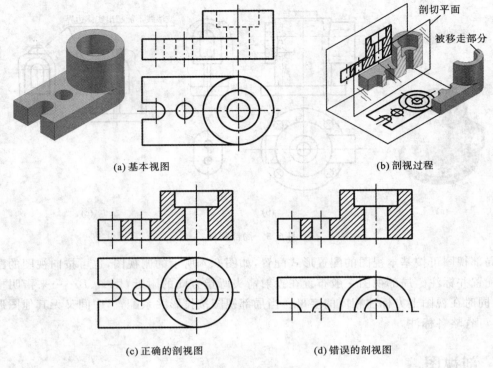

(a) 基本视图　　　　　　　　　　　　　(b) 剖视过程

(c) 正确的剖视图　　　　　　　　　(d) 错误的剖视图

图 6.6　剖视的概念

（3）表达剖视图时，应将剖切平面后所有可见结构的线、面投影画出，特别是内部空腔的线、面轮廓，如图 6.7 所示；不可见部分的轮廓线已经表达清楚，在不影响机件形状表达清晰性的前提下应省略虚线，如图 6.8 所示。

（4）剖视图中断面的剖面符号要根据材料性质来选择，国家标准 GB/T 4457.5—1984 规定了各种材料剖面符号的画法（见表 6.1）。

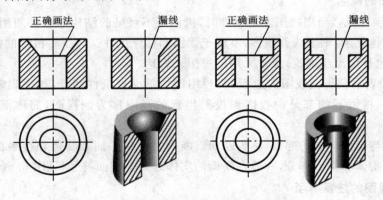

正确画法　　　　　　漏线　　　　　　正确画法　　　　　　漏线

图 6.7　剖视图内部结构的轮廓线画法

在同一张图样中，同一个机件的所有剖视图的剖面符号应该相同。例如金属材料的剖面符号，都应画成与水平线成 45°（可向左倾斜，也可向右倾斜）且间隔均匀的细实线。

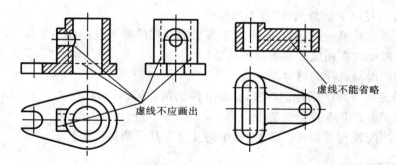

图 6.8 剖视图的虚线

不需用剖面符号表示材料类别时,可以采用通用剖面线表示,且应当以适当角度的细实线绘制,最好与主要轮廓线或剖面区域中的对称中心线成 45°角,如图 6.9 所示。

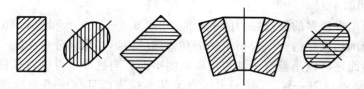

图 6.9 通用剖面线的画法

(5) 剖视图要标注剖切平面的位置、投影方向和字母,如图 6.10、图 6.11 所示。剖切平面的位置一般用断开的粗短线(线宽 1~1.5b、长 5~10 mm)符号表示,用箭头表示投影方向,用字母 A、B、C…表示某处做了剖视,在对应的剖视图上方用相同的字母"×—×"注出名称。

表 6.1 剖面符号

金属材料 (已有规定剖面符号者除外)		木材 (纵断面)		液体	
非金属材料 (已有规定剖面符号者除外)		线圈绕组元件		砖	
转子、电枢、变压器和电抗器等的叠钢片		钢筋混凝土		木质胶合板	
型砂、填砂、粉末冶金、砂轮、陶瓷刀片、硬质合金刀片等		混凝土		玻璃	

注:①剖面符号仅表示材料的类别,材料的名称和代号必须另行注明;

②叠钢片的剖面线方向,应与束装中叠钢片的方向一致;

③液面用细实线绘制。

剖视图若满足以下三个条件,可不加标注。

(1) 剖切平面是单一的,而且是平行于要采取剖视的基本投影面的平面。

(2) 剖视图配置在相应的基本视图位置。

(3) 剖切平面与机件的对称面重合。

凡完全满足以下两个条件的剖视,在断开线的两端可以不画箭头。

(1) 部切平面是基本投影面的平行面。

(2) 剖视图配置在基本视图位置,而中间又没有其他图形间隔。

6.2.2 剖切方法

由于机件的结构形状各异,在内部的位置分布也不尽相同,因此,国家标准规定了几种常用的剖切面形式,以便充分表达出其内部结构。

1. 单一剖切面

单一剖切面用得最多的是投影面的平行面,如图 6.6~图 6.8 和图 6.10 所示的剖视图都是用这种平面剖切得到的。一般用于外形和内部结构不对称且分布在同一对称平面上的机件。单一剖切面还可以用垂直于基本投影面的平面。当机件上有倾斜部分的内部结构需要表达时,可和画斜视图一样,选择一个垂直于基本投影面且与所需表达部分平行的投影面,然后再用一个平行于这个投影面的剖切平面剖开机件,向这个投影面投影,这样得到的剖视图称为斜剖视图,简称斜剖视,如图 6.11 所示。

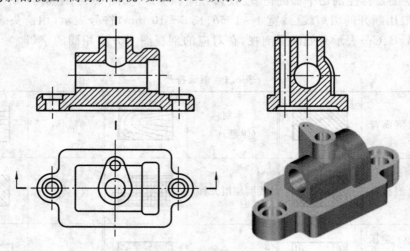

图 6.10 单一平行剖切面

斜剖视图主要用以表达倾斜部分的结构,机件上与基本投影面平行的部分,在斜剖视图中不反映实形,一般应避免画出。

斜剖视图一般按投影关系配置,在不引起误解时,还可把图形移动到合适位置或旋转到水平位置,并在视图上方标记相应的旋转符号,如图 6.11(a),图 6.11(b)所示。

2. 几个相交的剖切平面

当机件的内部结构形状用一个剖切平面不能表达完全,且这个机件在整体上又具有回

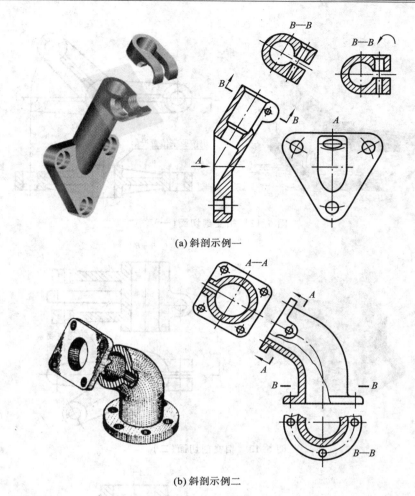

(a) 斜剖示例一

(b) 斜剖示例二

图 6.11　单一倾斜剖切面(斜剖视图)

转轴时,可用两个相交的剖切平面剖开,如图 6.12 所示的俯视图为旋转剖切后得到的全剖视图。

　　采用几个相交的剖切面剖切机件时,首先将机件剖开,选定一端结构与基本投影面平行,然后把剖开的倾斜结构绕回转轴旋转至与上述基本投影面平行,再进行投影,使剖视图既反映实形又便于画图。

　　在剖切平面后的其他结构一般仍按原来位置投影,如图 6.12 中小油孔的两个投影。

　　当剖切后会产生不完整要素时,应将该部分按不剖画出,如图 6.13 所示。

　　采用相交的剖切面剖切机件时必须标注,在剖切平面的起讫、转折处画上剖切符号,标上同一字母,并在起讫两端画出投影方向的箭头,在对应的剖视图正上方用同一字母标注名称"×—×"。若视图按投影关系配置且中间没有其他图形时,可省略箭头,如图 6.14 所示。

3. 几个平行的剖切平面

　　当机件上有较多的内部结构形状,而又分布在相互平行的平面上时,可用几个互相平行的剖切平面剖切。如图 6.15 所示,机件用了两个平行的剖切平面剖切后画出的"A—A"全

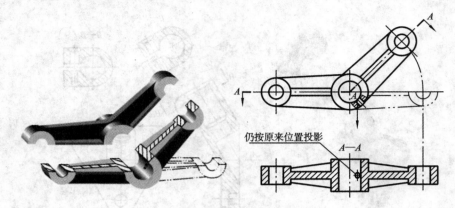

图 6.12　相交剖切面(一)

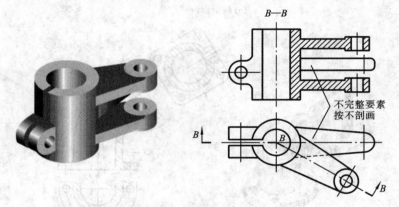

图 6.13　相交剖切面(二)

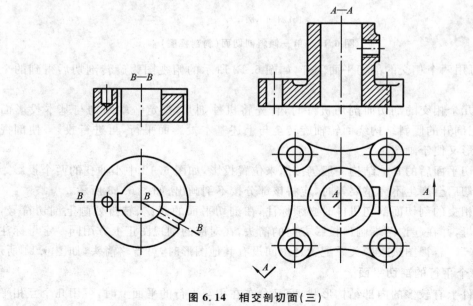

图 6.14　相交剖切面(三)

剖视图。

剖切是一种假想行为,采用平行的剖切平面剖切机件时,不应在剖视图中画出各剖切平面的转折界线,如图 6.15(c)所示;在图形内也不应出现不完整的结构要素,如图 6.15(d)所示。

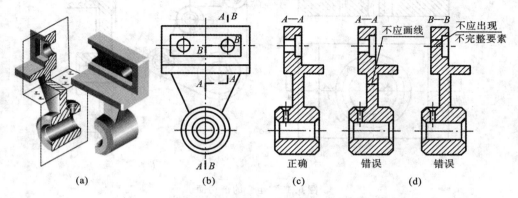

(a)　　　　　　(b)　　　　　　(c)　　　　　　(d)

图 6.15　平行的剖切平面(一)

采用平行的剖切平面剖切机件时也必须标注,与相交的剖切面剖切机件时标注要求相同。起讫、转折符号位置不应与视图中的轮廓线重合或相交,如图 6.16 所示。当转折处的地方很小时,可省略字母。

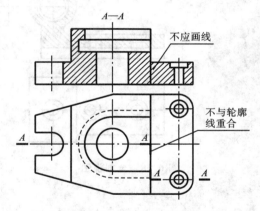

图 6.16　平行的剖切平面(二)

若机件的内部结构形状较多,分布不规律,用上述的剖切方法不能表达清楚时,则可以采用组合的剖切平面来剖开机件,如图 6.17(a)所示;用连续相交的剖切平面剖切,应采用展开画法,并在剖视图上方标注"×—×",如图 6.17(b)所示。

6.2.3　剖视图的种类

根据机件被剖切范围的大小,剖视图可分为全剖视图、半剖视图和局部剖视图。

1. 全剖视图

用剖切平面完全地剖开机件后所得到的剖视图,称为全剖视图。全剖视图一般用于表达内部结构复杂多样且分布不对称的机件,如图 6.10 所示。全剖视图可以由上述的几种剖

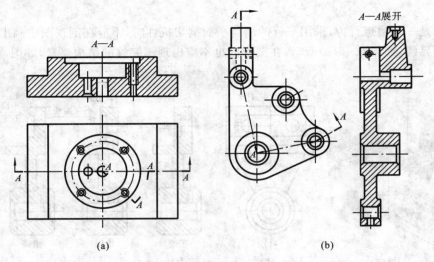

图 6.17   组合的剖切面

切方法得到,标注也参考上述的标注方法。为了便于标注尺寸,对于外形简单,且具有对称平面的机件也常采用全剖视图,如图 6.18 所示。

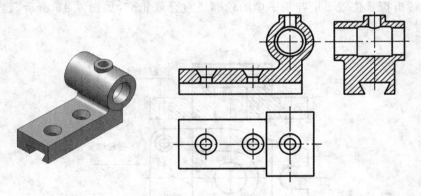

图 6.18   全剖视图

2. 半剖视图

若具有对称平面的机件,在垂直于对称平面的投影面上投影时,以对称平面(细点画线)为界,一半画成表达其外部结构形状的视图,另一半画成表达其内部结构形状的剖视图,这样组合的图形称为半剖视图,如图 6.19 所示。

半剖视图用于内形和外部结构都需要表达的对称机件。

半剖视图的特点有:①一半用剖视和一半用视图分别表达机件的内形和外形,两者以中心线为界;②由于半剖视图的一半表达了外形,另一半表达了内形,因此在画半剖视图表示外形的部分不需要再用虚线把表示内形的结构画出来。

当机件的形状接近对称且不对称结构已经表达清楚时,也可以画成半剖视图,如图6.20所示。

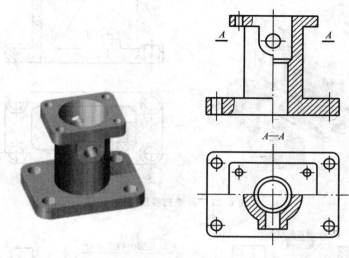

图 6.19　半剖视图(一)

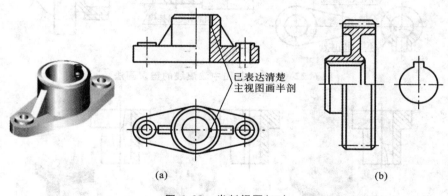

已表达清楚
主视图画半剖

(a)　　　　　　　　　　(b)

图 6.20　半剖视图(二)

3. 局部剖视图

用剖切平面局部地剖开机件,所得的剖视图称为局部剖视图,如图 6.21 所示。局部剖视图一般用于不能用全剖也不宜用半剖视图来表达机件的场合,是一种很灵活的剖视图。

局部剖切后,机件断裂处的轮廓线用波浪线表示,是剖视与视图的分界线。为了不引起读图的误解,波浪线不要与图形中的其他图线重合,也不要画在其他图线的延长线上,更不能超出视图的轮廓线。图 6.22 所示为波浪线的错误画法。

需要注意这类机件虽然对称,如图 6.23 所示,但其分界处有轮廓线,因此不宜采用半剖视图而必须用局部剖视图来表达。局部剖切的范围可大可小,应根据机件的具体结构形状而定。

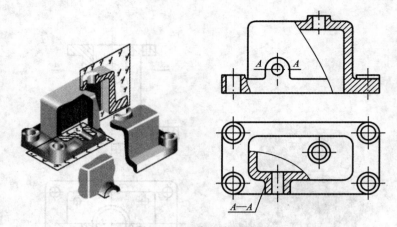

图 6.21　局部剖视图(一)

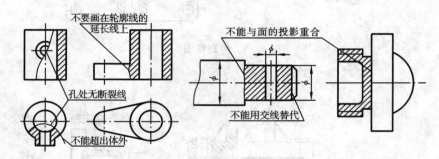

图 6.22　局部剖视图中波浪线的错误画法

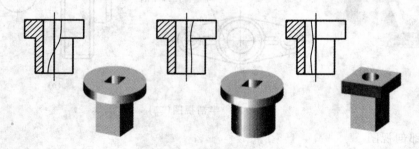

图 6.23　局部剖视图(二)

6.3　断面图

6.3.1　断面图概述

　　假想用剖切平面把机件的某处切断,仅画出表达断面形状的图形,称为断面图(简称断面)。断面图主要用来表达机件某部分断面的结构形状。如图 6.24(a)所示的阶梯轴,只画出了阶梯轴的一个主视图,轴上结构(键槽和通孔)的形状和尺寸在两处画出了断面形状,简单明了;如图 6.24(b)所示的吊钩也只采用了一个主视图加几处断面图就把其结构形状表达得很清楚,比用多个视图或剖视图显得更为简洁清晰。

断面与剖视的区别在于:断面只画出剖切平面和机件相连部分的断面形状,而剖视则把断面和断面后可见的轮廓线都画出来,如图 6.25 所示。

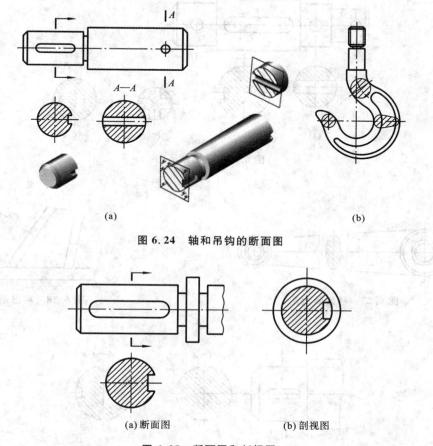

图 6.24　轴和吊钩的断面图

图 6.25　断面图和剖视图

断面根据其在图样上配置位置的不同,可分为移出断面和重合断面两种。

6.3.2　移出断面图

画在视图轮廓线之外的断面,称为移出断面。如图 6.24(a)和图 6.25(a)都属于移出断面图。

1. 移出断面图的画法

移出断面图的轮廓线用粗实线表示,图形位置应尽量配置在剖切平面位置符号或剖切平面迹线的延长线上(剖切平面迹线是剖切平面与投影面的交线),如图 6.26(a)、(b)所示;也允许放在图上任意位置,如图 6.26(c)、(d)所示。

当断面图形对称时,也可将断面画在视图的中断处,如图 6.27 所示。

由两个或多个相交剖切平面组合剖切所得的移出断面图中间必须断开,如图 6.28 所示。

当剖切平面通过机件上由回转面形成的孔或凹坑等结构的轴线时;或通过非圆孔会导致出现完全分离的断面时,这些结构按剖视图绘制,如图 6.26(a)、(c)、(d)所示,图 6.29 和图 6.30 表示了这些结构的正确和错误画法。

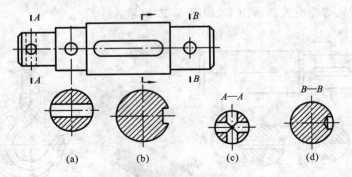

图 6.26　移出断面图

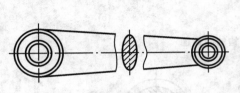

图 6.27　移出断面图

图 6.28　移出断面图

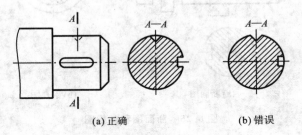

(a) 正确　　　　　　(b) 错误

图 6.29　移出断面(一)

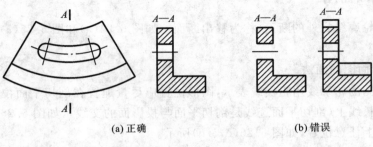

(a) 正确　　　　　　(b) 错误

图 6.30　移出断面(二)

2. 移出断面图的标注

移出断面要标注剖切平面的位置、投影方向和字母。

当移出断面图配置在剖切平面迹线的延长线上时,可以不写字母,如图 6.26(a)、(b)及图 6.31(a)所示。若没有配置在剖切平面迹线延长线上时,应画出剖切平面符号并注上字母。如图 6.26(c)、(d)及图 6.31(c)、(d)所示。机件上有不对称结构要表达时要画出剖切符号,并用箭头表示投射方向。如图 6.26(b)和图 6.31(b)所示。

移出断面图按投影关系配置,可以不画箭头但要注写字母,如图 6.26(d)、图 6.29、图 6.30 所示。

中断处的移出断面图一般省略标注,如图 6.27 所示。

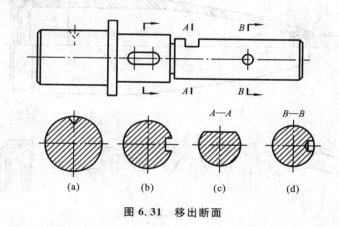

图 6.31　移出断面

6.3.3　重合断面图

画在视图轮廓线内部的断面,称为重合断面,如图 6.24(b)所示,一般用于表达结构简单且不影响视图清晰度的机件。

重合断面图的轮廓线用细实线绘制。当视图的轮廓线与重合断面图的图线相交或重合时,视图的轮廓线仍要完整地画出,不得中断,如图 6.32(a)、(c)所示,图 6.32(b)、(d)所示的画法是错误的。

重合断面直接画在视图内部的剖切位置处,因此标注时省略字母,剖切平面符号应垂直于机件表面,不对称结构要标注投射方向。

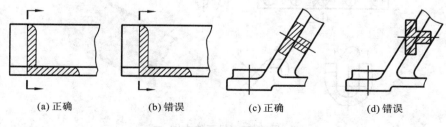

图 6.32　重合断面图的画法

6.4 其他表达方法

6.4.1 局部放大图

当机件的某些局部结构较小,在原定比例的图形中不易表达清楚或不便标注尺寸时。将机件的部分结构,用大于原图形所采用的比例画出的图形称为局部放大图,如图 6.33 所示。

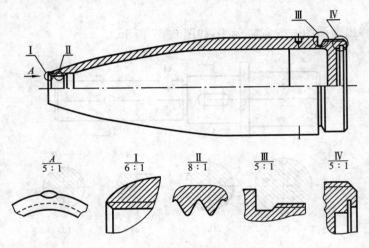

图 6.33 局部放大图

画局部放大图时应用细实线圈出被放大部位,有多处时要用罗马数字顺序标记,同时在局部放大图的上方标出相应的数字和采用的比例,且各处的放大比例可以不同,需说明的是局部放大图的比例与原图的比例无关。

局部放大图可以采用视图、剖视、断面等各种表达法,与原视图无关。

局部放大图应尽量配置在被放大部位的附近,必要时可用几个图形表达同一个被放大部位的结构,如图 6.34 所示。

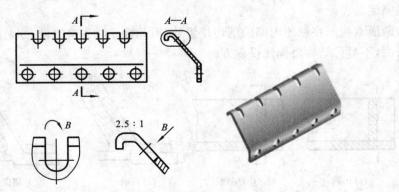

图 6.34 局部放大图

局部放大图的投射方向应和被放大部分的投射方向相同,与整体相连的部分用波浪线画出,剖面线的方向和间距也应与原图一致,如图 6.35 所示。

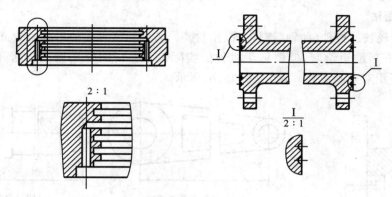

图 6.35 局部放大图

6.4.2 规定画法和简化画法

1. 规定画法

(1) 在剖视图中,机件的肋、轮辐及薄壁等若按纵向剖切,这些结构都不画剖面符号,用粗实线将它与其邻接的部分分开;沿横向剖开时必须画剖面符号,如图 6.36 所示。

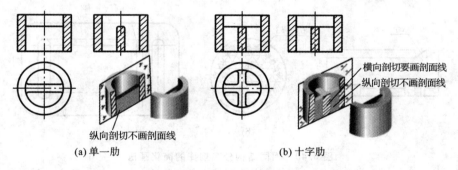

图 6.36 肋板的简化画法

(2) 当零件回转体上均匀分布的肋、轮辐、孔等结构不处于剖切平面上时,可将这些结构旋转到剖切平面上按对称形式画出,如图 6.37 所示。

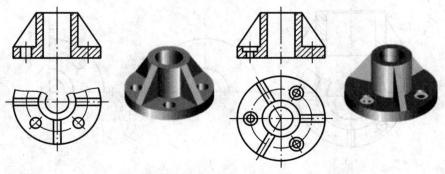

图 6.37 回转体上均布的肋与孔

（3）用双点画线绘制相邻的辅助零部件时，不应遮盖其后面的零件结构，如图 6.38 所示。

2. 简化画法

（1）对于较长的机件（如轴、连杆、管、型材等），若沿长度方向的形状一致或按一定规律变化时，可断开后缩短绘制，但要标注机件的实际尺寸。折断处用波浪线断开，如图 6.39 (a)所示，也可用双点画线断开，如图 6.39(b)所示。

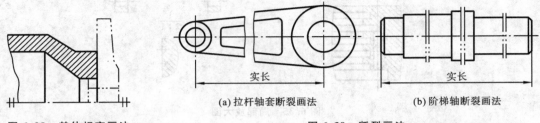

图 6.38 其他规定画法

(a) 拉杆轴套断裂画法   (b) 阶梯轴断裂画法

图 6.39 断裂画法

（2）当机件具有若干相同结构（如齿、槽等），并按一定规律分布时，可以只画出几个完整的结构，其余用细实线连接，在零件图中则必须注明该结构的总数（见图 6.40(a)）。若相同结构是呈规律分布的孔（如圆孔、螺孔、沉孔等）时，可以仅画出一个或几个，其余用点画线表示其中心位置，并注明孔的总数（见图 6.40(b)、(c)）。

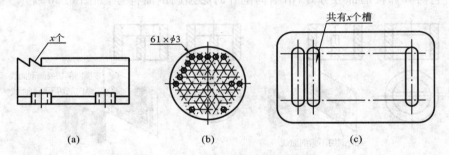

(a)   (b)   (c)

图 6.40 相同结构分布规律的简化画法

（3）当某一图形对称时，可画略大于一半，如图 6.41(a)所示的俯视图，在不致引起误解时，对于对称机件的视图也可只画出一半或四分之一，此时必须在对称中心线的两端画出两条与其垂直的平行细实线（见图 6.41(b)、(c)）。

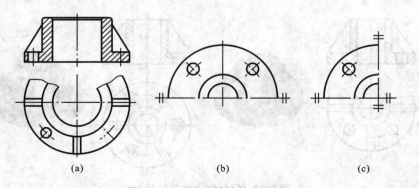

(a)   (b)   (c)

图 6.41 对称机件的简化画法

（4）当图形不能充分表达平面时，可用平面符号（相交的两细实线）表示（见图 6.42）。

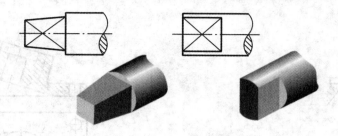

图 6.42　表示平面的简化画法

（5）机件上的一些较小结构，在一个图形中已表达清楚时，其他图形可简化或省略，如图 6.43 所示省略了平面符号和相贯线。

（6）机件上斜度不大的结构，如在一个图形中已表达清楚时，其他图形可按小端画出（见图 6.44）。

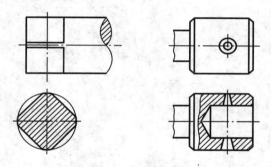

图 6.43　机件上较小结构的简化画法

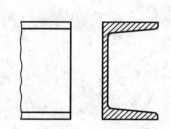

图 6.44　斜度不大结构的简化画法

（7）过渡线和相贯线的简化画法。在不致引起误解时，允许用圆弧或直线代替，如图 6.45 所示。

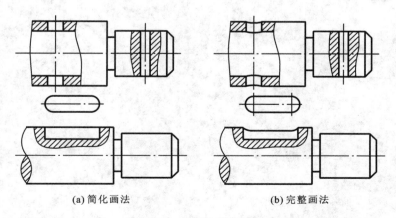

(a) 简化画法　　　　　(b) 完整画法

图 6.45　相贯线的简化画法

（8）小圆角及小倒角的简化。一般在不会引起误解时，零件图中的小圆角和小倒角可以省略，但要注明尺寸或在技术要求中说明，如图 6.46 所示。

（9）与投影面倾斜角度在 30°以内的圆或圆弧，其投影仍可画成圆或圆弧，如图 6.47 所示。

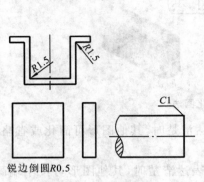

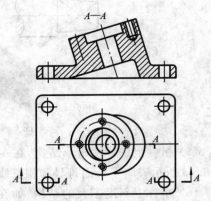

锐边倒圆R0.5

图 6.46 小圆角及小倒角的简化画法

图 6.47 小倾角圆和圆弧的简化画法

第7章　标准件和常用件

机械零件中,有部分零件用量大、应用范围广,从材料、结构、尺寸、精度及画法,国家标准都有明确的规定。凡结构和尺寸均已标准化、系列化的零件称为标准件。如螺栓、螺钉、螺母、键、销和轴承等。部分结构及尺寸参数符合国家标准的零件,称为常用件,如齿轮、弹簧等。本章重点介绍它们的结构特点、规定画法、代号、标记,以及查阅标准的方法。

7.1　螺纹及螺纹紧固件

7.1.1　螺纹概述

1. 螺纹的作用

螺纹是零件上常见的结构形式,它主要用于连接零件,但也可起传递动力和改变运动的作用。其中,起连接作用的螺纹称为连接螺纹;起传递动力和改变运动的螺纹称为传动螺纹。

2. 螺纹的形成

如图 7.1(a)所示,若一动点 A 沿着回转表面的直母线作等速直线运动,同时该直母线又沿回转表面的轴线 $O—O$ 作等速回转运动,动点 A 的运动轨迹为圆柱螺旋线。母线旋转一周,动点沿轴线方向的移动距离为导程。一个与圆柱轴线共面的平面图形(如三角形、梯形、矩形等)绕圆柱或圆锥表面作螺旋线运动而形成的脊状隆起(具有相同断面的连续突起和沟槽)称为螺纹。

在圆柱或圆锥外表面上加工的螺纹称为外螺纹;在圆柱或圆锥内表面上加工的螺纹称为内螺纹,如图 7.1(b)、(c)所示。内、外螺纹一般成对使用。

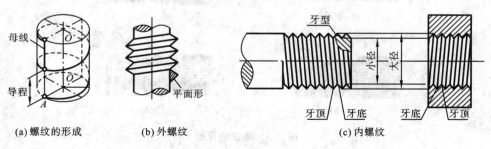

(a) 螺纹的形成　　(b) 外螺纹　　　　　　　(c) 内螺纹

图 7.1　螺纹的形成

螺纹的加工方法很多,常见的有在车床上车削内、外螺纹;也可以碾压外螺纹;用板牙加工外螺纹或用丝锥加工内螺纹,如图 7.2 所示。

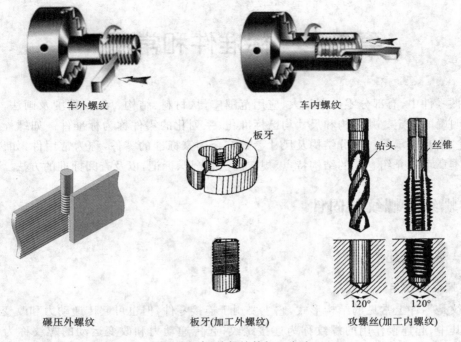

车外螺纹　　　　　　　　车内螺纹

板牙　　　　钻头　　丝锥

碾压外螺纹　　　　板牙(加工外螺纹)　　　120°　120°

攻螺丝(加工内螺纹)

图 7.2　内、外螺纹的加工方法

3. 螺纹的基本要素

1) 牙型

在通过螺纹轴线的剖面上,螺纹的轮廓形状称为螺纹的牙型。常见标准螺纹的牙型有矩形、三角形、梯形、锯齿形等,如图 7.3 所示。

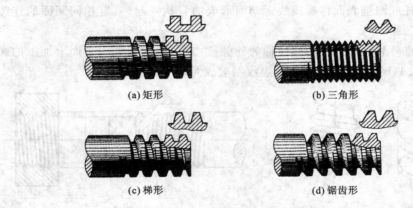

(a) 矩形　　　　　　　　　　(b) 三角形

(c) 梯形　　　　　　　　　　(d) 锯齿形

图 7.3　螺纹的牙型

不同的螺纹牙型有不同的用途。一般起连接作用的牙型是三角形,普通螺纹牙型角为 60°,内、外螺纹旋合后牙顶、牙底留有间隙。普通螺纹分粗牙和细牙螺纹,粗牙与细牙的区别是:当大径的尺寸相同时,细牙的螺距与牙型高度比较小,适用于薄壁零件的连接。管螺纹的牙型角为 55°,是英制螺纹,内、外螺纹旋合后牙顶、牙底没有间隙,密封性好,适用于管道连接。

常用标准螺纹牙型的牙型角、应用及特征符号见表 7.1。

表 7.1　常用标准螺纹牙型

种	类	特征代号	牙型图	说　明
普通螺纹	粗牙、细牙	M	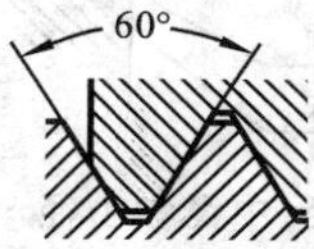 60°	是一种应用广泛的连接螺纹,一般多用粗牙。细牙切深浅,多用于薄壁或紧密连接的零件
管螺纹	螺纹密封	R1、R2 Rc、Rp	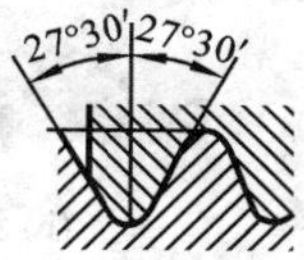 27°30′ 27°30′	螺纹副具有密封性,用于高温、高压和润滑系统,适用于管子、管接头、阀门等处的连接
	非螺纹密封	G		是一种螺距和牙型都较小的圆柱形管螺纹,不具备密封性,广泛用于管道连接中
传动螺纹	梯形螺纹	Tr	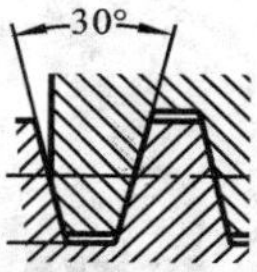 30°	其牙型为等腰梯形,常用于双向传递动力和改变运动,如机床丝杠
	锯齿形螺纹	B	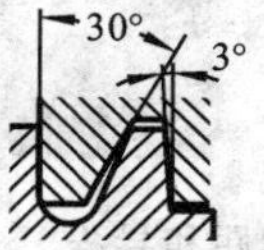 30° 3°	其牙型为不等腰梯形,常用于传递单向动力,如千斤顶中的螺杆

2) 基本直径

螺纹的基本直径有大径、小径和中径,如图 7.4 所示。

(1) 大径是指一个与外螺纹牙顶或内螺纹牙底相重合的假想圆柱体的直径。公称直径是代表螺纹尺寸的直径,一般指螺纹大径的基本尺寸。外螺纹的大径用 d 表示,内螺纹的大径用 D 表示。

(2) 中径是指母线通过牙型上沟槽和凸起宽度相等处的一个假想圆柱的直径。外螺纹的中径用 d_2 表示,内螺纹的中径用 D_2 表示。

(3) 小径是指一个与外螺纹的牙底或内螺纹的牙顶相重合的假想圆柱体的直径。外螺纹的小径用 d_1 表示,内螺纹的小径用 D_1 表示,如图 7.4 所示。

3) 线数

螺纹有单线和多线之分。沿一条螺旋线形成的螺纹称为单线螺纹,沿两条或两条以上螺旋线形成的螺纹称为多线螺纹,连接螺纹大多为单线,如图 7.5 所示。

4) 螺距和导程

(1) 螺距是指相邻两牙在中径线上对应两点间的轴向距离,用 P 表示。

(2) 导程是指同一条螺旋线上相邻两牙在中径线上对应两点间的轴向距离,用 P_h 表

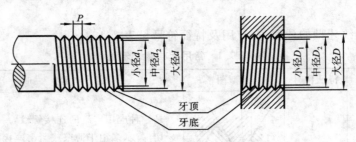

图 7.4　螺纹的大径、中径和小径

(a) 单线螺纹　　　　　　　　　(b) 双线螺纹

图 7.5　螺纹的线数

示,如图 7.6 所示。

图 7.6　螺纹的螺距和导程

5) 旋向

螺纹有右旋和左旋之分,沿顺时针方向旋入的螺纹称为右旋螺纹,工程上用得比较多。沿逆时针方向旋入的称为左旋螺纹,用 LH 表示。其判断方法如图 7.7 所示。

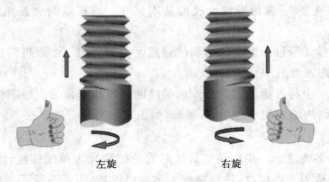

左旋　　　　　　　　右旋

图 7.7　螺纹旋向的判断方法

内、外螺纹需配合使用,只有当内、外螺纹的基本要素完全相同时,才能正确旋合使用。

4. 螺纹的分类

改变螺纹的基本要素中任何一项就会得到不同规格的螺纹。螺纹牙型、大径和螺距是决定螺纹的最基本要素,称为螺纹的三要素。为便于设计、制造和选用,提高互换性,国家标准对牙型、大径、螺距等作了规定,见附表 1。

1) 按标准化程度分类

螺纹按其标准化程度可分为:标准螺纹、特殊螺纹和非标准螺纹。

标准螺纹是指牙型、公称直径和螺距都符合国家标准规定的螺纹;特殊螺纹是指只有牙型符合国家标准规定的螺纹;凡牙型不符合国家标准规定的螺纹称为非标准螺纹。

2) 按用途分类

螺纹按其用途可分为紧固螺纹、传动螺纹。

连接螺纹常用的有:粗牙普通螺纹、细牙普通螺纹、圆柱管螺纹、圆锥管螺纹。

传动螺纹常用的有:梯形螺纹、锯齿形螺纹。

7.1.2　螺纹的规定画法

螺纹的真实投影比较复杂,由于螺纹的结构、尺寸都已标准化,根据已知条件查阅相应标准手册,即能得到其全部尺寸。所以,绘制螺纹时一般不按真实投影作图。国家标准《机械制图》GB/T 4459.1—1995 规定了在机械图样中螺纹和螺纹紧固件的画法。

1. 外螺纹的画法

在平行于螺纹轴线的投影面的视图中,外螺纹的大径和螺纹终止线用粗实线表示,小径用细实线表示并画入倒角(或倒圆)之内;在垂直于轴线的投影面的视图中,表示小径的细实线只画 3/4 圆,此时螺纹的倒角圆省略不画,如图 7.8 所示。

剖切时,剖切部分的螺纹终止线画到小径处,剖面线画到表示牙顶的粗实线处。

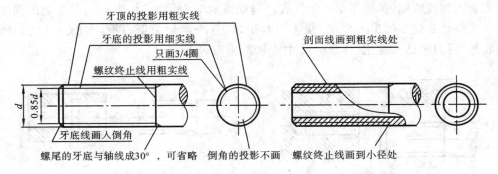

图 7.8　外螺纹的画法

2. 内螺纹的画法

在平行于螺纹轴线的投影面的视图中,内螺纹的大径用细实线表示,小径和螺纹终止线用粗实线表示;在垂直于轴线的投影面的视图中,表示大径的细实线只画 3/4 圆,孔的倒角圆不画。不可见螺纹的所有线条都用虚线表示,如图 7.9 所示。

对于不通的螺孔,一般将钻孔深度和螺孔深度分别画出,如图 7.10(a)所示,钻孔深度一般比螺纹深度大 0.5D,其中 D 为螺纹大径。钻头端部的圆锥锥顶角为 118°,不穿通孔

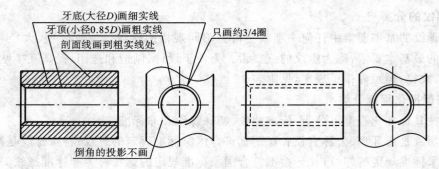

图 7.9 内螺纹的画法（一）

（也称盲孔）底部形成一圆锥面，在画图时钻孔底部锥面的顶角可以简化为 120°。

螺孔与螺孔或光孔相交时，只需画出与螺纹小径产生的相贯线，如图 7.10(b)所示。

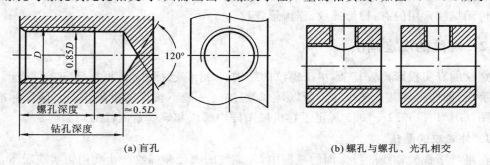

(a) 盲孔　　　　　　　　(b) 螺孔与螺孔、光孔相交

图 7.10 内螺纹的画法（二）

在实际生产中当车削螺纹的刀具快到达螺纹终止处时，要逐渐离开工件，因而螺纹终止处附近的牙型将逐渐变浅，形成不完整的螺纹牙型，这段螺纹称为螺尾，如图 7.11(a)所示，当需要表示螺纹收尾时，螺尾部分的牙底用与轴线成 30° 的细实线表示。为避免出现螺尾，可在螺纹终止处先车削出一个槽，便于刀具退出，这个槽称为退刀槽，如图 7.11(b)所示。螺纹收尾、退刀槽已标准化，各部分尺寸见附表 4，附表 17。

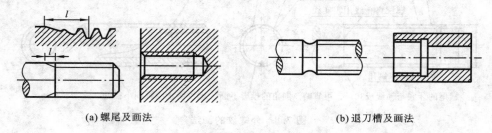

(a) 螺尾及画法　　　　　　　　(b) 退刀槽及画法

图 7.11 螺纹其他结构画法

3. 内、外螺纹连接的画法

内、外螺纹旋合在一起时，称为螺纹连接。以剖视图表示内外连接时，其旋合部分应按外螺纹的规定画法绘制，其余部分仍按各自的规定画法绘制，如图 7.12 所示。

注意：只有在螺纹五要素完全相同时才能旋合在一起，所以在剖视图中，表示外螺纹牙顶的粗实线与表示内螺纹牙底的细实线在一条直线上；表示外螺纹牙底的细实线与内螺纹

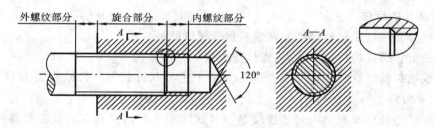

图 7.12 内、外螺纹旋合的画法

牙顶的粗实线在一条直线上,它们与螺杆头部倒角的大小无关。

7.1.3 螺纹的标注

螺纹采用规定画法,在图样中不能反映牙型、螺距、线数、旋向等要素,因此,必须对螺纹进行标注。

1. 普通螺纹、梯形螺纹、锯齿形螺纹的标注

国家标准 GB/T 197—2003 规定了普通螺纹标注的顺序如下。

$$\boxed{螺纹特征代号}\ \boxed{公称直径}\times\boxed{\begin{array}{c}螺距(单线时)\\ 导程(P\ 螺距)(多线时)\end{array}}\qquad\boxed{公差带代号}\text{-}\boxed{旋合长度代号}\text{-}\boxed{旋向}$$

1) 代号构成

(1) 特征代号 可参阅表 7.1。

(2) 公称直径和螺距 螺纹公称直径为大径的基本尺寸。

普通螺纹的螺距有粗牙和细牙之分,粗牙螺纹可以省略不标注,细牙必须标注螺距 P,对单线螺纹标注螺距,对多线螺纹标注导程 P_h(螺距 P)。

(3) 旋向 旋向有左、右旋之分,右旋螺纹可省略不标注,左旋螺纹必须标注"LH"。梯形螺纹、锯齿形螺纹的旋向符号标在公差带代号之前(见表 7.2)。

(4) 公差带代号 公差带表示尺寸允许的变动范围,由公差等级数字和基本偏差代号组成。其中数字表示螺纹公差等级,字母表示螺纹公差的基本偏差。内螺纹基本偏差代号用大写字母,外螺纹基本偏差代号用小写字母。普通螺纹须标注中径和顶径的公差带代号,当中径和顶径公差带相同时,只标注一个代号,如 M10-5g6g,M10-6H。梯形螺纹、锯齿形螺纹只标注中径公差带代号。

(5) 旋合长度代号 螺纹旋合长度是指两个相互配合的螺纹,沿螺纹轴线方向相互旋合部分的长度。

普通螺纹旋合长度代号分:L——较长旋合长度,N——中等旋合长度,S——较短旋合长度。中等旋合长度代号 N 省略标注。必要时,也可用数值注明旋合长度。

标记代号示例:M10-5g6g-s;M8×1-LH;Tr40×14(P7)LH-7e-50;M20×Ph4P2-5g6g-L-LH。

2) 标注方法

公称直径以 mm 为单位的螺纹,其标记应直接注在螺纹大径的尺寸线或其引出线上(见表 7.2)。

2. 管螺纹的标注

管螺纹分非螺纹密封管螺纹和螺纹密封管螺纹两种。

螺纹密封管螺纹的标记形式为:螺纹特征代号 尺寸代号。

非螺纹密封管螺纹的标记形式为:螺纹特征代号 尺寸代号 公差等级-旋向。

1) 代号构成

(1) 特征代号 非螺纹密封管螺纹是一种螺纹副本身不具备密封性能的圆柱管螺纹,其特征代号用"G"表示。

螺纹密封管螺纹是一种螺纹副本身具备密封性能的管螺纹,它包括圆锥螺纹和圆柱螺纹,其特征代号圆锥外螺纹用"R_1、R_2"表示(与圆柱内螺纹配合用 R_1,与圆锥内螺纹配合用 R_2);圆锥内螺纹用"R_C"表示;圆柱内螺纹用"R_P"表示。

(2) 尺寸代号 是指管子的内径(通径)尺寸(英寸),不是螺纹大径,用 1/2,3/4,1……表示。

(3) 公差等级 只有特征代号为 G 的非螺纹密封的管螺纹才有公差等级,其公差等级为中径公差带等级,有 A、B 两种,其他管螺纹无公差等级。

(4) 旋向 右旋螺纹省略标注,左旋螺纹标明"LH"。

标记代号示例:G1/2;G1/2A-LH;$R_1$1/2-LH;R_C3/4。

2) 标注方法

管螺纹的标注采用旁注法,引出线应从螺纹大径处引出或由对称中心处引出,见表7.2。

3. 螺纹副的标注

内、外螺纹旋合在一起,其公差带代号可用斜线分开,分子表示内螺纹公差带代号,分母表示外螺纹公差带代号。标记代号示例:M20×Ph4(P2)LH-5H6H/5g6g-L。

螺纹副标记的标注方法和螺纹标记的标注方法相同。

表 7.2 标准螺纹标注示例

类别	标 注 图 例
普通螺纹	M20×2-5g6g-s M20×2-6H M20×2-6H/6g
管螺纹	G1A Rc1/2
传动螺纹	Tr40×14(p7)LH-8e-L B40×7-7A Tr52×8-7H/7e

7.1.4　螺纹紧固件的种类、用途及规定标记

常用的螺纹紧固件有螺栓、螺柱、螺钉、螺母和垫圈等,如图 7.13 所示。螺纹紧固件利用一对内、外螺纹的旋合作用来连接或紧固零件。

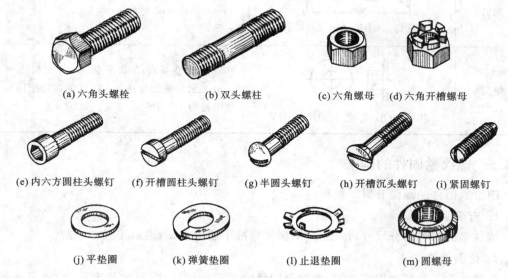

(a) 六角头螺栓　　　(b) 双头螺柱　　　(c) 六角螺母　(d) 六角开槽螺母

(e) 内六方圆柱头螺钉　(f) 开槽圆柱头螺钉　(g) 半圆头螺钉　(h) 开槽沉头螺钉　(i) 紧固螺钉

(j) 平垫圈　　　(k) 弹簧垫圈　　　(l) 止退垫圈　　　(m) 圆螺母

图 7.13　常用螺纹紧固件

国家标准《紧固件标记方法》(GB/T 1237—2000)中规定,紧固件的完整标记由名称、标准编号、形式与尺寸、性能等级或材料及热处理、表面处理等组成,规定标记允许简化。通常,紧固件只标记前三项,其格式如:名称　标准编号　形式与尺寸。

表 7.3 列出了常用螺纹紧固件的标记示例。

表 7.3　常用螺纹紧固件的图例及标记示例

名　称	形式与标记	标记说明
六角头螺栓	M12　50　螺栓　GB/T 5782　M12×50	表示 A 级六角头螺栓,其螺纹规格:公称直径=12 mm,公称长度 L=50 mm
六角螺母	M12　螺母　GB/T 6170　M12	表示 A 级 I 型六角螺母,其螺纹规格:公称直径=12 mm
双头螺柱	M10　10　40　螺柱　GB/T 897　M10×40	表示 B 型双头螺柱,两端均为粗牙普通螺纹,旋入端长度为 $1d$。其螺纹规格:公称直径=10 mm,公称长度 L=40 mm

续表

名　称	形式与标记	标记说明
开槽沉头 螺钉	35　M8 螺钉　GB/T 68　M8×35	表示开槽沉头螺钉,其螺纹规格:公称直径＝8 mm,公称长度 L＝35 mm
垫圈	φ17 垫圈　GB/T 97.1　16-140HV	表示标准系列 A 级平垫圈,公称尺寸＝16 mm(表示与螺纹规格 d＝16M 的螺栓配用),性能等级为 140HV

7.1.5　螺纹紧固件的画法

螺纹紧固件的画法有以下两种。

1. 查表画法

螺纹紧固件各部分尺寸可从相应的国家标准手册中查阅,然后按尺寸绘制。

2. 比例画法

绘图时为了简便和提高效率,螺纹紧固件的各部分的尺寸(有效长度除外)都可按螺纹的公称直径以一定比例关系绘制,这种方法称为比例画法。工程实践中一般采用比例画法。

螺纹紧固件常用比例关系如图 7.14 所示,其中 D、d 分别为内、外螺纹公称直径,螺栓杆长 L 通过设计决定。

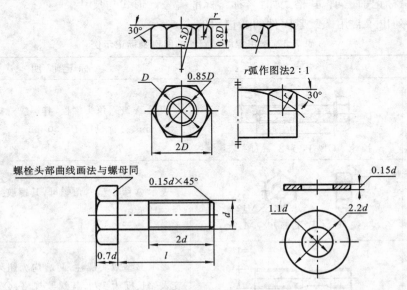

图 7.14　螺栓、螺母、垫圈的比例画法

7.1.6　螺纹紧固连接的画法

螺纹紧固连接的基本形式有:螺栓连接、螺柱连接、螺钉连接。在实际应用中,要根据使用要求和被连接对象的具体情况来选择使用哪一种连接方式。紧固连接装配图应该遵循下列规定:

(1) 两零件的接触面画一条线,非接触面画两条线;

(2) 相邻两零件的剖面线应不同,用方向相反或间隔不等来区分;在同一张图纸上,同一个零件在各个视图中的剖面线的方向和间隔应一致;

(3) 在剖视图中,若剖切平面通过螺纹紧固件的轴线时,这些紧固件按不剖绘制,剖切面垂直轴线时,按剖视绘制。

1. 螺栓连接

螺栓连接常用的紧固件有螺栓、螺母、垫圈等,适用于两个连接件都不太厚,能加工成通孔,并且要求连接力较大的场合,其优点是不需要在被连接零件上加工螺纹。螺栓连接通常采用比例画法,也可以查表绘制,螺栓连接作图如图 7.15(a)所示,简化画法如图 7.15(b)所示。

1) 估算螺栓的长度 L 值

$$L \geqslant \delta_1 + \delta_2 + h + m + a \quad (a \text{ 取} (0.2 \sim 0.4)d)$$

然后在螺栓标准手册的 L 公称系列值中,选取一个与之相近的标准值。

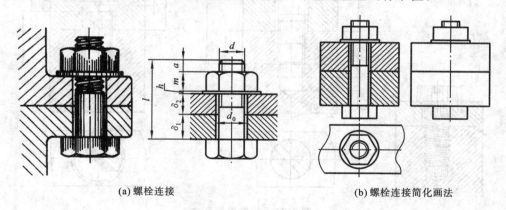

(a)螺栓连接　　　　　　　　　　(b)螺栓连接简化画法

图 7.15　螺栓连接画法

例 7.1　已知螺纹紧固件的标记为:

螺栓　GB/T 5782　M20,　螺母　GB/T 6170　M20,　垫圈　GB/T 97.1　20,

被连接件的厚度 $\delta_1 = 25$ mm,$\delta_2 = 25$ mm。查表确定螺栓尺寸。

解　由附表 9 和附表 10 查得 $m = 18$ mm,$h = 3$ mm(按比例画法 $m = 0.8 \times 20$ mm $= 16$ mm;$h = 0.15 \times 20$ mm $= 3$ mm)

取 $a = 0.3 \times 20 = 6$ mm,计算出 $L = (25 + 25 + 3 + 18 + 6)$ mm $= 77$ mm。

再由附表 5 查得最接近的标准长度为 80 mm,即是螺栓的有效长度,同时可查到螺纹的长度 b 为 46 mm(按比例画法螺纹长度 $b = 2 \times 20$ mm $= 40$ mm)。

2）画螺栓连接时应注意的问题

（1）被连接件的孔径必须大于螺栓的大径。$d_0 = 1.1d$，以免因为上、下板孔间距太大造成装配困难，如图 7.15 所示。

（2）在螺栓连接剖视图中，被连接零件的接触面（投影图上为线）画到螺栓大径处。

（3）螺母及螺栓的六角头的三个视图应符合投影关系，如图 7.15（b）所示。

（4）螺纹终止线画到垫圈之下、被连接两零件接触面之上，以保证连接的紧固性。

2．螺钉连接

螺钉连接用于连接的零件之一为通孔，另一零件为不通孔的情况。常用于受力不大，或不需要经常拆装的场合。螺钉连接通常采用比例画法。

1）螺钉连接的画法步骤如下。

（1）如图 7.16 所示为按比例画法时，螺钉头部各部分的比例换算关系。可根据比例关系换算各部分尺寸，或根据螺钉的标记，在国标中查出螺钉的全部尺寸。

（2）确定螺钉的公称长度

先估算螺钉的公称长度 L 值（可按以下方法计算：$L = \delta_1 + b_m$），根据初算出的 L 值，在标准中选取与其近似的标准值，作为最后确定的 L 值。

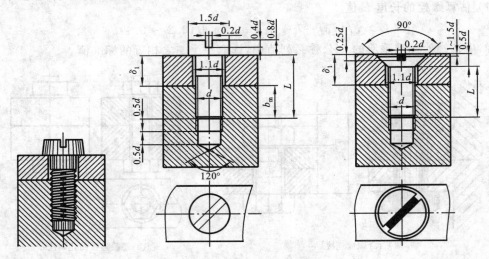

图 7.16　螺钉连接画法

2）画螺钉连接时应注意的问题

（1）螺钉头部的一字槽（投影为圆的视图上）不按投影关系绘制，应画成与中心线呈 45° 的方向，也可用两倍于粗实线宽度的粗线绘制。

（2）为使螺钉连接牢固，螺钉的螺纹长度和螺孔的螺纹长度都应大于旋入深度 b_m，即螺钉装入后，其上的螺纹终止线必须高出下板的上端面。

（3）螺钉的下端至螺纹孔的终止线之间应留有 $0.5d$ 的间隙。

3．双头螺柱连接

双头螺柱连接适用于被连接件之一较厚，不适合加工成通孔，并且要求连接力较大的情况。双头螺柱两端都加工有螺纹，其一段与螺母旋合，称为紧固端；另一端与被连接件旋合称为旋入端。旋入端的长度 b_m 要根据被旋入的材料而定,一般 b_m 有下面几种取值。

$b_m=1d$　GB/T 897—1988(用于钢或青铜);　$b_m=1.25d$　GB/T 898—1988(用于铸铁);

$b_m=1.5d$　GB/T 899—1988(用于铸铁);　$b_m=2d$　GB/T 900—1998(用于钛合金)。

双头螺柱连接的下部似螺钉连接,上部似螺栓连接。可以用查表法和比例画法。双头螺柱有效长度的计算也和螺栓类似,a 一般取 $(0.2\sim0.4)d$,L 初选后要取接近的标准系列值。$L\geqslant\delta_1+h+m+a$,L 初算后的数值应选取标准值。

双头螺柱的画法和简化画法如图 7.17 所示。

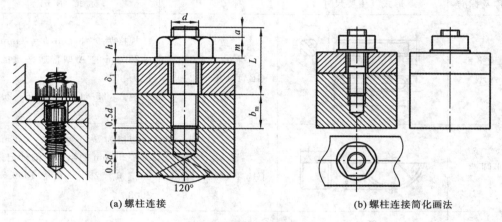

(a) 螺柱连接　　　　　　　　　(b) 螺柱连接简化画法

图 7.17　双头螺柱连接

7.2　键和销

7.2.1　键的作用、种类及规定标记

键用于连接轴和轴上的传动件(如齿轮、皮带轮等),使轴和传动件不发生相对转动,传递扭矩或旋转运动,如图 7.18 所示,在被连接的轴和轮毂上均加工出键槽,将键嵌入槽内,再将轮子对准轮毂槽推入则成键连接,当轴转动时,轮毂会和轴同步转动。

常用的键有普通平键、半圆键和钩头楔键,如图 7.19所示。

普通平键分 A 型(圆头)、B 型(方头)、C 型(单圆头)三种,A 型在标记时可省略标注,B 型或 C 型应该写出 B 或 C 字。它们都是标准件,根据连接处的轴径 d 在相应标准中可查阅其尺寸、结构形式和标记。

表 7.4 为几种常用键的标记、形式和标准编号。

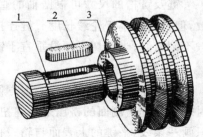

图 7.18　键的作用
1—轴;2—键;3—轮毂

(a) 普通平键　　　　　　　　　(b) 半圆键　　　　　(c) 钩头键

图 7.19　常用键的结构形式

表 7.4　常用键的种类、形式、标记和连接画法

名称及标准	形式及主要尺寸	标　记	标 记 示 例
普通平键 A 型	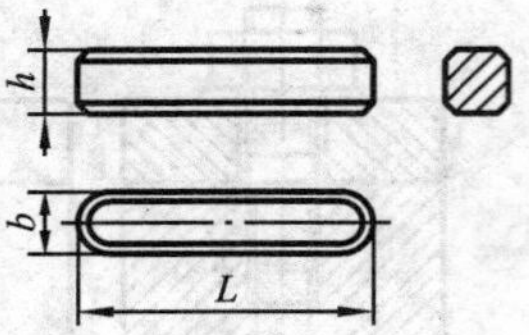	键 $b \times h \times L$ GB/T 1096—2003	规格为 $b=8$ mm, $h=7$ mm, $L=25$ mm 的 A 型普通平键的标记为： 键 8×25　GB/T 1096—2003
半圆键	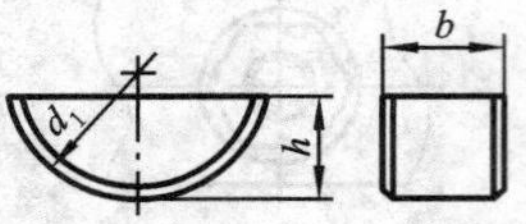	键 $b \times d_1$ GB/T 1099—2003	规格为 $b=6$ mm, $h=10$ mm, $d_1=25$ mm 的半圆键的标记为： 键 6×25　GB/T 1099.1—2003
钩头楔键	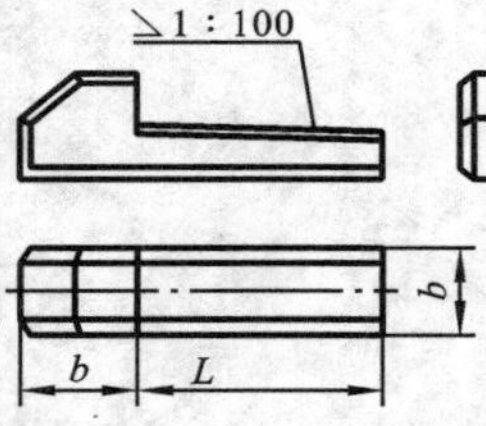	键 $b \times L$ GB/T 1565—2003	规格为 $b=6$ mm, $L=25$ mm 的钩头楔键的标记为： 键 6 × 25　GB/T 15656—2003

7.2.2　键连接的规定画法

键及键槽的尺寸可根据轴的直径、键的形式和长度从相应的标准中查得，选取标准参数，但长度应小于轮毂长度。键连接图常采用剖视表达，当剖切平面沿键的纵向剖切时，键按不剖绘制；当剖切平面沿垂直于键的纵向剖切时，键按剖切绘制。

1. 平键连接

平键连接的对中性好，装拆方便，常用于轮毂和轴的同心度要求较高的场合。平键工作时靠键与键槽侧面的挤压来传递扭矩，故平键的两个侧面是工作面，因此也是接触面，所以只画一条线，平键的上表面与轮毂孔键槽的顶面之间留有间隙，如图 7.20 所示。

2. 半圆键连接

半圆键连接的优点是工艺性较好，装配方便，能自动调心，尤其适用于锥形轴端与轮毂的连接。由于键槽为半圆形，槽较深，槽对轴的应力集中影响大，它常用于载荷不大的传动轴上。半圆键轴上键槽的表达和标注如图 7.21 所示，其工作原理和画法与平键的类似，两个侧面是工作面。

3. 钩头楔键连接

楔键的上表面和轮毂的键槽底面都有 1：100 的斜度，工作时，靠键的楔紧作用来传递扭矩，并能承受单向的轴向力和起轴向固定作用。由于装配打紧楔键时破坏了轴与轮毂的对中性，故楔键仅适用于传动精度要求不高、低速和载荷平稳的场合。楔键的上、下两面是工作面，其顶面不留间隙，画一条线，但侧面留有间隙，画两条线如图 7.22 所示。

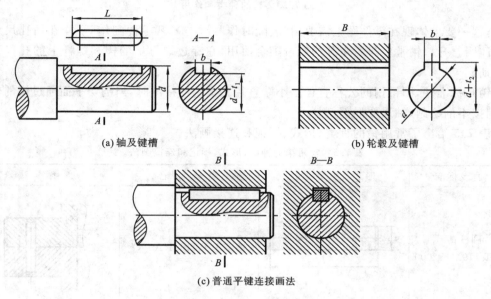

(a) 轴及键槽　　　　　　　　　　(b) 轮毂及键槽

(c) 普通平键连接画法

图 7.20　平键连接的画法

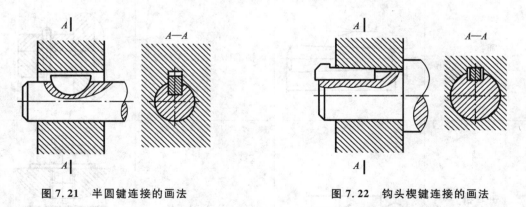

图 7.21　半圆键连接的画法　　　　图 7.22　钩头楔键连接的画法

7.2.3　销的作用、种类、规定标记和画法

销的种类很多，通常用于零件间的连接或定位，如图 7.23 所示。

常用的销有圆柱销、圆锥销和开口销。圆柱销是靠轴孔间的过盈量实现连接，因此不宜经常装拆，否则会降低定位精度和连接的紧固性；圆锥销安装方便，多次装拆对定位精度影响不大，应用较广。圆柱销和圆锥销的装配要求很高，销孔一般要求在被连接件装配后一起

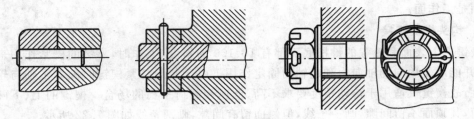

图 7.23 销的种类和作用

加工,这一要求体现在零件图上需要用"装配时作"或"与××零件配作"字样在销孔尺寸标注时注明。开口销常要与六角开槽螺母配合使用,它穿过螺母上的槽和螺杆上的孔以防螺母松动。

销是标准件,圆锥销的公称直径是小端直径。画销连接图时,当剖切平面通过销的轴线时,销按不剖绘制,轴采取局部剖。

表 7.5 给出了常用销的种类、形式、标记和连接画法。

表 7.5 常用销的种类、形式、标记和连接画法

名称及标准	形式及主要尺寸	简化标记	连接画法
圆柱销 GB/T 119.1—2000	d ⌷ l	销 GB/T 119.1 Ad×l	
圆锥销 GB/T 117—2000	1:50 d ⌷ l	销 GB/T 117 Ad×l	
开口销 GB/T 91—2000	l ⌷ d	销 GB/T 91 d×l	

7.3　齿轮

7.3.1　齿轮的作用及种类

齿轮是机械传动中应用最广泛的传动件,它将主动轴的运动传递到从动轴上,实现传递动力、变速和变向等功能。如图 7.24 所示,根据两轴的位置不同,齿轮传动可分为三大类:

(1) 圆柱齿轮——用于两平行轴之间的传动;

(2) 圆锥齿轮——用于两相交轴间的传动;

(3) 蜗轮、蜗杆——用于垂直交叉两轴间的传动。

(a) 圆柱齿轮传动

(b) 圆锥齿轮传动　　　　　(c) 蜗杆蜗轮传动

图 7.24　齿轮传动

齿轮属常用件,一般由轮体和轮齿圈两部分组成。轮体根据设计要求有平板式、轮辐式、辐板式等。轮齿有标准和变位之分,具有标准轮齿的齿轮称为标准齿轮。本节主要介绍标准直齿圆柱齿轮的基本知识和规定画法。

7.3.2　直齿圆柱齿轮的参数及基本尺寸之间的关系

圆柱齿轮的轮齿有直齿、斜齿和人字齿三种。其中直齿圆柱齿轮的齿向与轴线平行,在齿轮传动中应用最广泛,简称直齿轮。

1. 直齿轮各部分名称及尺寸关系

(1) 齿顶圆 d_a:通过轮齿顶部的圆周直径。

(2) 齿根圆 d_f:通过轮齿根部的圆周直径。

(3) 分度圆 d:是介于齿顶圆和齿根圆之间的一个假想圆周。分度圆是设计、计算制造齿轮的基准圆周,也是分齿的圆周。

(4) 齿厚 s 与槽宽 e:在分度圆上一个轮齿齿廓间(实体部分)的弧长称为齿厚,用 s 表示;在分度圆上一个齿槽齿廓间(空心部分)的弧长称为槽宽,用 e 表示。标准直齿轮在分度

圆周上齿厚 s 与齿槽宽 e 近似相等。

（5）齿距 p：分度圆周上相邻两齿对应点间的弧长。由于标准齿轮有 $s \approx e$，$p = s + e$，则 $s \approx e \approx p/2$。

（6）齿高 h：齿顶圆与齿根圆间的径向距离。分度圆将全齿分为两部分，齿顶圆与分度圆间的径向距离称为齿顶高 h_a，分度圆与齿根圆间的径向距离称为齿根高 h_f，$h = h_a + h_f$。

（7）节圆 d' 与中心距 a：如图 7.25 所示，一对互相啮合的渐开线齿轮，两齿轮轮廓在中心连线 $O_1 O_2$ 上的啮合接触点称为节点 P，过节点 P 的相切的两个圆称为节圆。齿轮啮合传动时可假想为两个节圆柱作纯滚动，一对正确安装的标准齿轮，其节圆与分度圆正好重合。节圆是一对啮合齿轮的要素，单个齿轮不存在节圆，只有分度圆。

两啮合齿轮轴线之间的距离 $O_1 O_2$ 称为中心距 a。在标准情况下，有

$$a = \frac{d_1}{2} + \frac{d_2}{2} = \frac{m(z_1 + z_2)}{2}$$

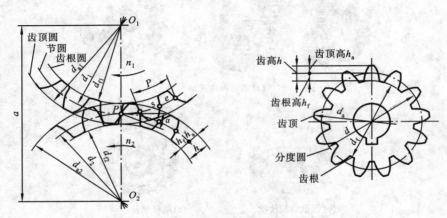

图 7.25　直齿轮各部分名称与代号

2. 直齿轮的基本参数

（1）齿数 z：轮齿的数量。

（2）模数 m：当齿轮齿数为 z 时，则分度圆周长为 $\pi d = pz$，有

$$d = pz/\pi$$

由于 π 为无理数，为计算方便，国家标准将 p/π 给以规定，并称之为模数 m，其数值已标准化，系列值见表 7.6，单位为 mm。

表 7.6　渐开线圆柱齿轮标准模数

第一系列	1　1.25　1.5　2　2.5　3　4　5　6　8　10　12　16　20　25　32　40　50
第二系列	1.75　2.25　2.75　(3.25)　3.5　(3.75)　4.5　5.5　(6.5)　7　9　(11)　14　18　22　28　36　45

注：优先选用第一系列，其次选用第二系列，括号内尽量不用。

模数是反映轮齿大小的一个重要参数，模数越大，齿轮各部分尺寸按比例增大，其承载能力就越强。模数是齿轮设计、制造中的重要参数，不同模数的齿轮，要用不同的刀具来加工制造，为了便于设计加工，模数的值已标准化。

（3）压力角：压力角 α（啮合角、齿形角）是指两个相啮合的齿轮齿廓在接触点受力方向与运动方向的夹角。若接触点在分度圆上则为两齿廓公法线与两分度圆的公切线的夹角。标准齿轮的分度圆压力角为 $20°$。通常所称压力角为分度圆压力角。标准直齿轮各部分尺寸计算关系见表 7.7。

表 7.7　标准直齿圆柱齿轮各部分的尺寸计算

名　　称	代　号	计　算　公　式
齿顶高	h_a	$h_a = m$
齿根高	h_f	$h_f = 1.25m$
全齿高	h	$h_a = h_a + h_f = 2.25m$
分度圆直径	d	$d = mz$
齿顶圆直径	d_a	$d_a = d + 2h_a = m(z+2)$
齿根圆直径	d_f	$d_f = d - 2h_f = m(z-2.5)$
中心距	a	$a = \dfrac{d_1}{2} + \dfrac{d_2}{2} = \dfrac{m(z_1+z_2)}{2}$
齿距	p	$p = \pi m$

7.3.3　直齿圆柱齿轮的规定画法

齿轮是部分标准件，其非标准部分（轮体）按真实投影绘制；其标准部分（轮齿）一般不按真实投影而按规定画法（GB/T 4459.2—2003）绘制：

（1）齿顶圆（线）用粗实线绘制；

（2）分度圆（线）用细点画线绘制；

（3）齿根圆（线）用细实线绘制，可省略，剖视时齿根线用粗实线，不能省略；

（4）用剖视表达时，当剖切平面通过轮齿轴线时，轮齿按不剖绘制。

1. 单个齿轮的画法

齿轮通常用两个视图或一个视图加一个表达孔和键槽形状的局部视图来表达。通常轴线放成水平，并将平行于轴线的视图画成剖视图，如图 7.26 所示。

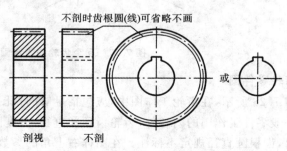

不剖时齿根圆(线)可省略不画

剖视　　　不剖　　　　　　　　　　或

图 7.26　单个齿轮的视图画法

2. 齿轮啮合的画法

齿轮啮合一般用两个视图表达,非啮合部位的画法同单个齿轮,如图 7.27(a)所示。

在垂直于齿轮轴线的投影面的视图中,两齿顶圆均用粗实线绘制,啮合区的顶圆也可以省略;两节圆(分度圆)相切,用细点画线;齿根圆用细实线,可省略。

在非圆视图中,若画成剖视图,啮合处的节线(分度线)用细点画线;不剖时,啮合处的齿顶线和齿根线都不画,分度线用粗实线绘制,如图 7.27(a)所示。

由于齿根高与齿顶高相差 $0.25m$(m 为模数),一个齿轮的齿顶线与另一个齿轮的齿根线之间,应有 $0.25\ m$ 的间隙,将一个齿轮的轮齿用粗实线绘制,按投影关系另一个齿轮(一般为从动轮)的轮齿被遮挡的部分用虚线绘制,如图 7.27(b)所示。

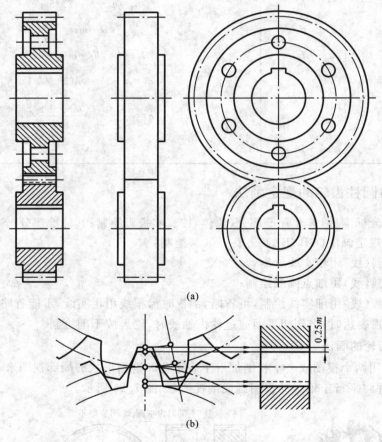

(a)

(b)

图 7.27 两个齿轮的啮合画法

3. 齿轮零件图

如图 7.28 所示,在齿轮工作图中,应包括足够的视图及制造时所需的尺寸和技术要求;除具有一般零件工作图的内容外,齿轮齿顶圆直径、分度圆直径及有关齿轮的基本尺寸必须直接注出,齿根圆直径规定不标注。在图样右上角的参数表中注写模数、齿数等基本参数。

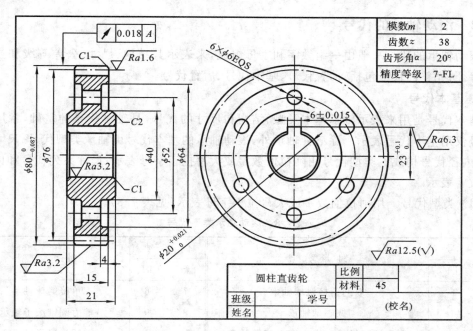

<table>
<tr><td>模数m</td><td>2</td></tr>
<tr><td>齿数z</td><td>38</td></tr>
<tr><td>齿形角α</td><td>20°</td></tr>
<tr><td>精度等级</td><td>7-FL</td></tr>
</table>

图 7.28　齿轮零件图

7.4　滚动轴承

7.4.1　轴承概述

　　滚动轴承是一种支承旋转轴的标准组件。滚动轴承具有结构紧凑、摩擦阻力小等优点，在机械设备中应用广泛。滚动轴承一般由外圈、内圈、滚动体及保持架等四个部分组成，外圈装在机座的轴承孔内，一般固定不动；内圈装在旋转轴上，和轴一起旋转，如图 7.29 所示。

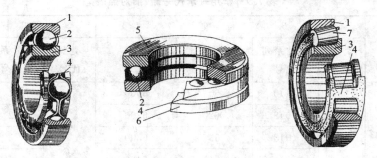

图 7.29　滚动轴承的组成

1—外圈；2—滚珠；3—内圈；4—保持架；5—上圈；6—下圈；7—滚锥

　　滚动轴承的规格、类型很多，但都已经标准化，并规定用代号表示。滚动轴承由专门厂家生产，使用时可根据有关要求进行选用。

7.4.2 滚动轴承的代号

滚动轴承的代号一般由一组数字和字母组成,来表示其结构、尺寸、公差等级和技术性能等特征,完整的代号包括:前置代号、基本代号、后置代号。

1. 基本代号

基本代号是用来表示轴承基本类型、结构和尺寸的代号,是轴承代号的基础,常用轴承的代号仅用基本代号表示。除滚针轴承外,滚动轴承的基本代号由轴承类型代号、尺寸系列代号、内径代号构成。类型代号用阿拉伯数字或大写拉丁字母表示;尺寸系列代号和内径代号用数字表示。

(1) 类型代号 用阿拉伯数字或大写拉丁字母表示(见表 7.8)。

表 7.8 滚动轴承类型代号

代 号		轴 承 类 型	代 号		轴 承 类 型
新	旧		新	旧	
0	6	双列角接触球轴承	7	6	角接触球轴承
1	1	调心球轴承	8	9	推力圆锥滚子轴承
2	3(9)	调心滚子轴承和推力调心滚子轴承	N	2	圆柱滚子轴承
3	7	圆锥滚子轴承	NN	2	双列或多列圆柱滚子轴承
4	0	双列深沟球轴承	U	0	外球面球轴承
5	8	推力球轴承	QJ	6	四点接触球轴承
6	0	深沟球轴承			

(2) 尺寸系列代号 尺寸系列代号由滚动轴承的宽(高)度系列代号和直径代号组合而成,用两位阿拉伯数字表示。

常用的轴承代号以及由轴承类型代号、尺寸系列代号所组成的组合代号见表 7.9。

表 7.9 常用轴承代号新、旧对照表

轴 承 名 称	新 标 准				旧 标 准		
	类型代号	尺寸系列代号	组合代号	轴承代号	类型代号	尺寸系列代号	轴承代号
深沟球轴承 GB/T 276—1994	6	(1)0	60	6000	0	1	100
		(0)2	62	6200		2	200
		(0)3	63	6300		3	300
		(0)4	64	6400		4	400
圆锥滚子轴承 GB/T 297—1994	3	02	302	30200	7	2	7200
		03	303	30300		3	7300
		22	322	32200		5	7500
		23	323	32300		6	7600

轴承名称	新 标 准				旧 标 准		
	类型代号	尺寸系列代号	组合代号	轴承代号	类型代号	尺寸系列代号	轴承代号
推力球轴承 GB/T 301—1995	5	11	511	51100	8	1	8100
		12	512	51200		2	8200
		13	513	51300		3	8300
		14	514	51400		4	8400

注:括号中数字在组合代号中省略。

（3）内径代号　用两位数字表示，代表轴承的公称内径（见表 7.10）。

表 7.10　滚动轴承内径代号及示例

轴承公称内径/mm		内 径 代 号	示 例
0.6～10（非整数）		内径代号用公称内径毫米数直接表示，在其与尺寸系列代号之间用"/"隔开	深沟球轴承 618/2.5　$d=2.5$ mm
1～9（整数）		内径代号用公称内径毫米数直接表示，对深沟及角接触球轴承 7、8、9 直径系列，内径与尺寸系列代号之间用"/"隔开	深沟球轴承 625　618/5　$d=5$ mm
10～17	10	00	深沟球轴承 6200　$d=10$ mm
	12	01	
	15	02	
	17	03	
20～480 （22、28、32 除外）		内径代号为公称直径除以 5 的商（商为个位数时，需要在前面加"0"，如"08"）	调心滚子轴承 23208　$d=40$ mm
大于或等于 500 的数 和 22、28、32		内径代号用公称内径毫米数直接表示，在其与尺寸系列代号之间用"/"隔开	调心滚子轴承 230/500　$d=500$ mm 深沟球轴承 62/22　$d=22$ mm

2. 前置、后置代号

当轴承在结构形状、尺寸、公差、技术要求等有改变时，在基本代号左右添加补充代号。前置代号用字母表示；后置代号用字母（或加数字）表示。

3. 滚动轴承的标记

滚动轴承的标记由名称、代号和标准编号三部分组成。

标记示例:滚动轴承 6210 GB/T 276—1994

6 2 10
　　└─── 表示轴承内径代号，$d=10×5$ mm $=50$ mm
　└───── 表示尺寸系列代号，"(0)2"中"0"省略，它表示宽度代号，"2"表示直径系列代号
└─────── 表示轴承类型代号，为深沟球轴承

7.4.3 滚动轴承的画法

轴承分为滑动轴承和滚动轴承。滑动轴承结构简单，一般按真实投影绘图；而滚动轴承结构相对复杂些，且是标准件，故没必要按真实投影绘图，而是采用"规定画法"或"简化画法"。GB/T 4459.7—1998 规定了滚动轴承的画法。

在装配图中，先根据轴承代号从国标中查出其外径 D、内径 d 及宽度 B 等尺寸，然后将其他尺寸按照表 7.11 中比例画出。

表 7.11　滚动轴承的画法

滚动轴承可以用通用画法、特征画法和规定画法三种方法来绘制。通用画法和特征画法属于简化画法,在同一图样中一般只采用这两种简化画法的一种。国标对这三种画法做了如下规定:

(1) 三种画法的各种符号、矩形线框和轮廓线均用粗实线绘制;

(2) 绘制滚动轴承时,其矩形线框或外框轮廓的大小应与滚动轴承的外形尺寸一致,并与所属图样采用同一比例;

(3) 在剖视图中,用通用画法和特征画法绘制滚动轴承时,一律不画剖面符号,采用规定画法绘制时,轴承的滚动体不画剖面线,其各套圈可画成方向和间隔相同的剖面线;

(4) 如不需要确切地表示滚动轴承的外形轮廓、载荷特性时,可采用通用画法;

(5) 如需较详细地表示滚动轴承的主要结构时,可采用规定画法;

(6) 如需较形象地表示滚动轴承的结构特征时,可采用特征画法。

7.5　弹簧

7.5.1　弹簧概述

弹簧是一种常用件,在机械和电器设备中起减振、夹紧、储能和测力等作用。

弹簧的种类很多,最常用的有螺旋弹簧、板簧、蜗卷弹簧、碟形弹簧等,如图 7.30 所示。根据受力不同,螺旋弹簧又可分为压缩弹簧、拉伸弹簧和扭转弹簧三种。板簧主要用来承受弯矩,有较好的消振能力,所以多用做各种车辆的减振弹簧。平面涡卷弹簧属于扭转弹簧,作为储能元件,多用于受转矩不大的钟表和仪表中。碟形弹簧刚度大,能承受很大的冲击载荷,并有良好的吸振能力,常用于各种缓冲、预紧装置中。

(a) 压缩弹簧　(b) 拉伸弹簧　(c) 扭转弹簧　(d) 蜗卷弹簧　(e) 板簧　(f) 碟形弹簧

图 7.30　常用弹簧种类

弹簧不按真实投影绘制,GB/T 4459.4—2003《机械制图　弹簧表示法》规定了弹簧的画法。本节主要介绍圆柱螺旋压缩弹簧的参数计算和规定画法。

圆柱螺旋弹簧各部分名称及尺寸关系如图 7.31 所示。

(1) 弹簧钢丝直径 d　制造螺纹弹簧的钢丝的直径。

(2) 弹簧直径　可分为外径、内径和中径,简介如下。

外径 D:弹簧的最大直径 $D=D_2+d$。

内径 D_1:弹簧的最小直径 $D_1=D_2-d=D-2d$。

中径 D_2:弹簧的平均直径 $D_2=(D_1+D)/2=D_1+d=D-d$。

(3) 节距 P　除磨平压紧的支承圈外,相邻两圈对应点之间的轴向距离。

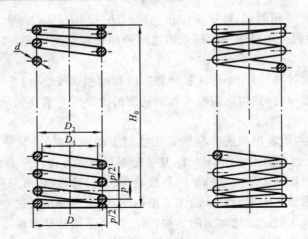

图 7.31   弹簧的各部分名称及尺寸关系

（4）圈数   可分为有效圈数和支承圈数。

有效圈数 n：保持节距 P 相等的圈数，即除支承圈以外的圈数；

支承圈数 n_0：为使弹簧工作时受力均匀和使中心轴线垂直于支承面，从而增加弹簧的平稳性，常将弹簧两端磨平并压紧 $1.5\sim2.5$ 圈，压紧磨平的各圈只起支承作用，故称为支承圈。支承圈数有 2.5、2、1.5 圈三种，常用 2.5 圈，两端各并紧 $1/2$ 圈，磨平 $3/4$ 圈。

总圈数 n_1：支承圈数和有效圈数之和 $n_1 = n + n_0$。

（5）弹簧自由高度 H_0 弹簧在不受任何外力作用时的高度。

$$H_0 = nP + (n_0 - 0.5)d$$

（6）弹簧展开长度 L 制造弹簧时所需钢丝的长度。

$$L = n_1 \sqrt{(\pi D_2)^2 + p^2}$$

（7）弹簧的旋向   与螺旋线的旋向意义相同，分为左旋和右旋两种。

7.5.2   弹簧的规定画法

国家标准对弹簧的画法作了具体规定，国标 GB/T 4459.4—2003 的规定如下。

（1）螺旋弹簧既可画成视图，也可画成剖视图，在平行于螺旋弹簧轴线的投影视图中，各圈的轮廓线应画成直线。

（2）螺旋弹簧均可画成右旋，左旋的螺旋弹簧，一律要注出旋向"左"字（左、右旋判别同螺纹）。

（3）螺旋弹簧有效圈数多于四圈时，无论是否采用剖视画法，都只需画出两端的 $1\sim2$ 圈（支承圈除外），中间各圈可省略不画，而用通过弹簧丝中心的两条细点画线表示。此时允许图形长度适当缩短。

作图时下列数据应为已知：弹簧自由高度 H_0、弹簧钢丝直径 d、弹簧外径 D（或内径 D_1）、有效圈数 n（或总圈数 n_1）、旋向。

圆柱螺旋压缩弹簧的作图步骤如图 7.32 所示。

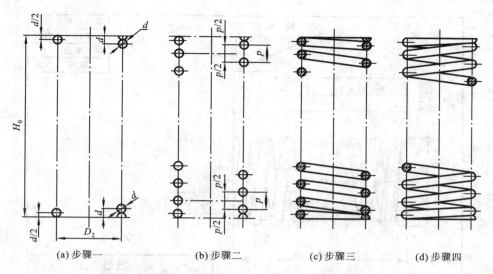

(a) 步骤一　　　　(b) 步骤二　　　　(c) 步骤三　　　　(d) 步骤四

图 7.32　圆柱螺旋压缩弹簧的画图步骤

7.5.3　弹簧的标记

根据 GB/T 2089—1994 规定,圆柱螺旋压缩弹簧的标记由名称、形式、尺寸、精度及旋向、标准编号、材料牌号以及表面处理组成,其标记格式如下:

名称　形式　$d \times D_2 \times H_0$　-精度代号　旋向　标准编号　-表面处理

标记示例:圆柱螺旋弹簧,A 型,型材直径为 3 mm,中径为 20 mm,自由高度为 80 mm,制造精度为 2 级,材料为碳素弹簧钢丝 B 级,表面镀锌处理,左旋。其标记为:

YA 3×20×80-2 左　GB/T 2089—1994　B 级-DoZn

注:按 3 级精度制造时,3 级不标注。

7.5.4　弹簧工作图

1. 弹簧零件工作图

如图 7.33 所示,在圆柱螺旋压缩弹簧的零件图中,弹簧的参数应直接标注在视图上,若直接标注有困难,可在技术要求中予以说明;图中还应注出完整的尺寸、尺寸公差和形位公差及技术要求。当需要表明弹簧的力学性能时,需在零件图中用图解表示。

2. 弹簧在装配图中的简化画法

在装配图中被弹簧遮挡的结构一般不画出,可见部分应从弹簧的外轮廓线或弹簧钢丝剖面的中心线画起,如图 7.34(a)所示,当弹簧型材直径或厚度在图样上等于或小于 2 mm 时,其簧丝断面可涂黑表示,如图 7.34(b)所示;若簧丝直径不足 1 mm 时,也可用示意画法,如图 7.34(c)所示。

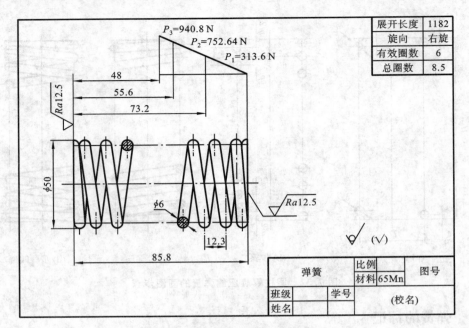

图 7.33 圆柱螺旋压缩弹簧的零件图

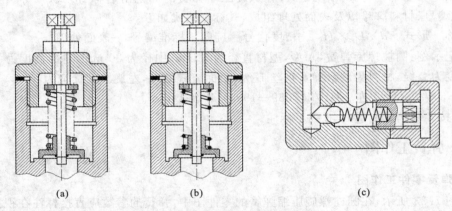

图 7.34 装配图中弹簧的画法

第8章 零 件 图

零件是组成机器或部件的最基本单元,任何机器(部件)都是由若干零件组成的。制造机器时先根据零件图生产出全部零件,再按装配图将零件装配成部件或机器。本章主要介绍零件的表达方法、尺寸标注、技术要求的注写,以及零件的典型工艺结构和绘制、阅读零件图的方法。

8.1 零件图概述

8.1.1 零件图的作用

零件图是表示零件结构、大小及技术要求的图样,它是工厂制造和检验零件的依据,是设计部门和生产部门的重要技术资料之一。

8.1.2 零件图的内容

图 8.1(a)所示为泵盖零件,为了满足生产部门制造零件的要求,一张完整的零件图应包括下列内容,如图 8.1(b)所示。

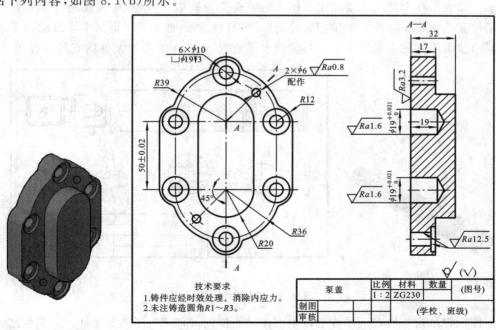

(a) 泵盖立体图   (b) 泵盖零件图

图 8.1 泵盖

1．一组图形

利用视图、剖视图、断面图等表达方法，完整、清晰地表达零件各部分的结构形状。

2．完整的尺寸

标注出制造和检测零件时需要的零件各部分结构大小和相对位置的全部尺寸。

3．技术要求

使用规定的符号、数字标注，或文字说明，表明零件在加工、检验过程中应达到的技术指标，如极限与偏差、表面粗糙度、形状和位置公差、材料热处理等。

4．标题栏

填写零件的名称、比例、材料、数量、图号，以及零件的设计、绘图、审校人的签名、日期等项内容的栏目。

8.2　零件图的表达

8.2.1　零件图的视图选择

1．主视图的选择

主视图是一组视图的核心，选择主视图时，要确定零件的安放位置和投射方向。

1）确定零件的安放位置

应使主视图尽可能反映零件的主要加工位置或在机器中的工作位置。

加工位置是按零件在主要加工工序中的装夹位置选取主视图，主视图与加工位置一致是为了使制造者看图方便。如轴、套、轮、盘等零件的主要加工工序是在车床或磨床上进行的，因此，这类零件的主视图中应将其轴线水平放置，如图8.2所示泵轴的安放位置。

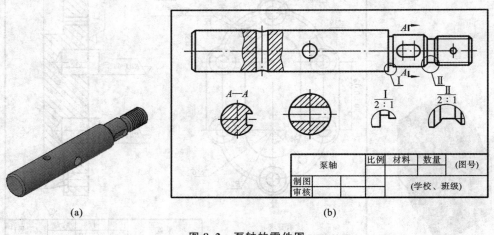

(a)　　　　　　　　　　　　(b)

图 8.2　泵轴的零件图

工作位置是指零件在机器或部件中工作时的位置，如支架、箱壳等零件。它们的结构形状比较复杂，加工工序较多，加工时的装夹位置经常变化，所以在画图时应使主视图反映零件的工作位置，这样使零件图便于与装配图直接对照，如图8.3所示支架的工作位置。

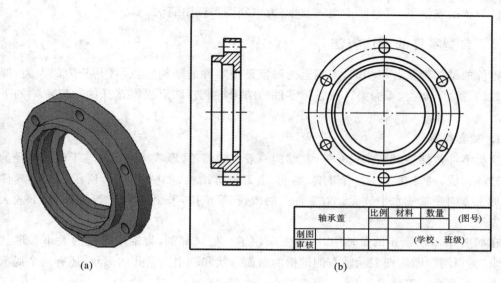

(a)　　　　　　　　　　　　　　(b)

图 8.3　轴承盖零件图

2）确定主视图的投射方向

当零件的安放位置确定以后,再按能较明显地反映该零件各部分结构形状和它们之间相对位置的一面作为主视图的投射方向,如图 8.4(a)所示,选择 B 向为投射方向。

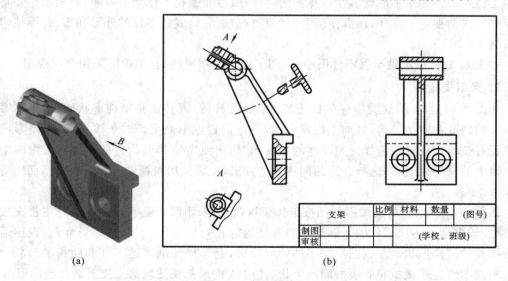

(a)　　　　　　　　　　　　　　(b)

图 8.4　支架零件图

2. 视图表达方案的选择

主视图确定以后,分析该零件在主视图上还有哪些尚未表达清楚的结构,对这些结构应选用其他视图,并采用各种方法表达出来,使每个视图都有表达的重点,几个视图互相补充而不重复。

在选择其他视图时,优先选用基本视图以及在基本视图上作适当的剖视,在充分表达清楚零件形状的前提下,尽量减少视图数量,力求制图和读图简洁。

8.2.2 典型零件的表达方法

零件的结构形状各不相同,工程上的习惯是按零件的结构特点,将其分为四大类,即轴套类、盘盖类、叉架类、箱壳类。按各类零件的结构特征归纳出视图选择的一般规律如下所述。

1. 轴套类零件

这类零件包括轴、轴套、衬套等,其结构一般比较简单,形状特征是由若干段不等径的同轴回转体构成,通常在零件上有键槽、销孔、退刀槽等结构,如图 8.2(a)所示。这类零件的主要加工方向是轴线水平放置。对零件上的槽、孔等结构,采用局部剖、断面图、局部放大等方法表达。

在如图 8.2(b)所示的泵轴中,主视图采用了一处局部剖,将轴中通孔的大小和形状表示出来,另以两个断面图表示轴右侧键槽的断面形状和轴中间通孔的形状,还有两个局部放大图表达了两个退刀槽的形状。

2. 盘盖类零件

这类零件包括端盖、轮盘、带轮、齿轮等,其形状特征是,主要部分一般由回转体构成,呈扁平的盘状,且沿圆周均匀分布各种肋、孔、槽等结构,如图 8.3(a)所示。这类零件通常是按加工位置即轴线水平放置。在选择视图时,一般将非圆视图作为主视图,并根据需要将非圆视图画成剖视图。此外,还需使用左视(或右视)图完整表达零件的外形和槽、孔等结构的分布情况。

如图 8.3(b)所示轴承盖零件图中,采用了两个基本视图,且主视图采用全剖视图。

3. 叉架类零件

如图 8.4(a)所示,这类零件包括托架、拨叉、连杆等,其特征是结构形状比较复杂,零件常带有倾斜或弯曲状结构,且加工位置多变,工作位置也不固定。对于该类零件,需参考工作位置并按习惯放置。选择此类零件的主视图时,主要考虑其形状特征。通常采用两个或两个以上的基本视图,并选择合适的剖视表达方法,也常采用斜视图、局部视图、断面图等表达局部结构。

如图 8.4(b)所示的支架零件图按工作位置摆放,采用两个基本视图表达。主视图按形体特征,较多地表达出零件的轮廓形状和各结构的相对位置,上下部采用局部剖,表达通孔和阶梯孔的结构形状。左视图反映零件外形轮廓,上部局部剖表达了孔和肋板的形状。用移出断面图表达连接板和肋板的断面形状,并用 A 向局部视图表达支架上部凸台的形状。

4. 箱壳类零件

如图 8.5(a)所示,这类零件包括箱体、壳体、阀体、泵体等,其特征是能支承和包容其他零件,结构形状较复杂,加工位置变化也多。摆放该类零件时,主要考虑工作位置。在选择主视图时,主要考虑其形状特征。其他视图的选择应根据零件的结构选取,一般需要三个或三个以上的基本视图,结合剖视图、断面图、局部视图等多种表达方法,清楚地表达零件内外结构形状。

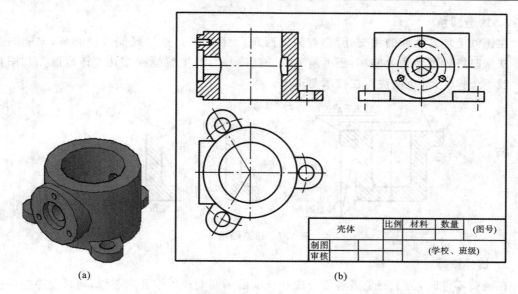

(a)   (b)

图 8.5 壳体零件图

如图 8.5(b)所示的壳体零件图,按工作位置放置。主视图画成旋转的全剖视图,不仅表示了零件的整体结构形状,还将左侧阶梯孔内腔深度、壳体厚度及高度均表示清楚。左视图表达了左侧凸台的形状和位置及三个螺纹孔均布情况,俯视图表达了壳体与三个耳板的结合情况。

8.3 零件的工艺结构

零件的结构形状主要是根据它在机器或部件中的功能而定。但在设计零件结构形状的实际过程中,除考虑其功能外,还应考虑加工制造过程中的工艺要求,设计必要的工艺结构。

8.3.1 铸造零件上常见的工艺结构

1. 起模斜度

用铸造的方法制造零件的毛坯时,为了便于从砂型中取出模样,一般沿模样起模方向作成约 1∶20 的斜度,称为起模斜度。因此,在铸件上也有相应的起模斜度,如图 8.6(a)所示。但这种斜度在图样上可不予标注,也可以不画出,如图 8.6(b)所示;必要时,可以在技术要求中用文字说明。

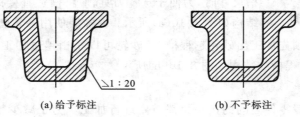

(a) 给予标注   (b) 不予标注

图 8.6 起模斜度

2. 铸造圆角

在铸件毛坯各表面的相交处,都有铸造圆角(见图 8.7),这样既能方便起模,又能防止浇铸铁水时将砂型转角处冲坏,还可避免铸件在冷却时产生裂缝或缩孔。铸造圆角在图样上一般不予标注,常集中注写在技术要求中。

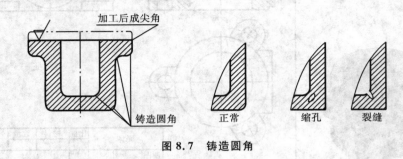

图 8.7　铸造圆角

3. 铸件壁厚

在浇铸零件时,为了避免因各部分冷却速度的不同而产生缩孔或裂缝,铸件壁厚应保持大致相等或逐渐过渡,如图 8.8 所示。

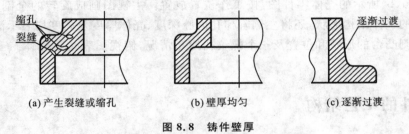

图 8.8　铸件壁厚

8.3.2　机加工零件上常见的工艺结构

1. 倒角与倒圆

为装配方便和操作安全,在轴端和孔口处均应加工出倒角;为避免零件轴肩处因应力集中而断裂,也可将轴肩处加工成倒圆,如图 8.9 所示。

2. 螺纹退刀槽和砂轮越程槽

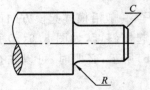

图 8.9　倒角与倒圆

在加工螺纹时,为保证在末端加工出完整的螺纹,同时便于退出刀具,常在待加工面的端部,先加工出退刀槽。在标注退刀槽尺寸时,为便于选择刀具,应将槽宽直接标注出来。退刀槽的结构如图 8.10(a)所示。对需要使用砂轮磨削加工的表面,常在被加工面的轴肩处,预先加工出砂轮越程槽,使砂轮可以稍稍越过加工面,以保证被磨削表面加工完整。砂轮越程槽的结构如图 8.10(b)所示。

3. 凸台与凹坑

在装配体中,一般零件之间的接触面都需要进行加工。为了减少零件上接触面的加工面积,常在接触面处设计成凹坑或凸台结构,如图 8.11 所示。

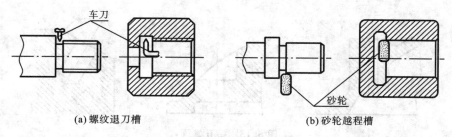

(a) 螺纹退刀槽　　　　　　　　　(b) 砂轮越程槽

图 8.10　螺纹退刀槽与砂轮越程槽

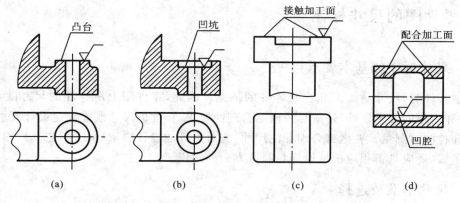

(a)　　　　　　(b)　　　　　　(c)　　　　　　(d)

图 8.11　凸台与凹坑等结构

4. 钻孔结构

用钻头钻出的盲孔,在底部有一个 120° 的锥角,钻孔深度指的是圆柱部分的深度,不包括锥坑,如图 8.12(a)所示。在阶梯形钻孔的过渡处,也存在锥角为 120° 的圆台,如图 8.12(b)所示。

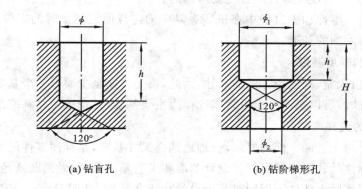

(a) 钻盲孔　　　　　　　　(b) 钻阶梯形孔

图 8.12　钻孔结构

用钻头钻孔时,要求钻头轴线尽量垂直于被钻孔的端面,以保证钻孔准确和避免钻头折断。图 8.13 表示了三种钻孔端面的正确结构。

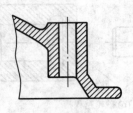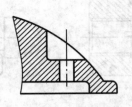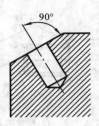

图 8.13　钻孔端面

8.4　零件图的尺寸标注

8.4.1　尺寸标注的基本要求

　　制造零件时,尺寸是加工和检验零件的依据。因此,零件图上所标注的尺寸除满足正确、完整和清晰的要求以外,还应尽量满足合理性要求,标注的尺寸既能满足设计要求,又便于加工和检验时测量。要做到合理标注尺寸,应对零件的设计要求、加工工艺及工作特点进行全面了解,还应具备相应机械设计与制造方面的知识。

8.4.2　尺寸基准及选择

　　度量尺寸的起点,称为尺寸基准,即用来确定其他几何元素位置的一组线、面。基准按其用途不同,分设计基准和工艺基准两种。

　　1. 设计基准和工艺基准

　　(1)设计基准　根据零件的构形和设计要求而确定的基准,一般是机器或部件用以确定零件位置的面和线,是设计零件时首先要考虑的。

　　(2)工艺基准　零件加工过程中在机床夹具中的定位面或测量时的定位面,是为了加工和测量的方便而附加的基准。

　　2. 主要基准和辅助基准

　　每个零件都有长、宽、高三个方向的尺寸,因此,每个方向至少要有一个基准。当某一方向上有若干个基准时,可以选择一个设计基准作为主要基准,其余的尺寸基准是辅助基准。

　　3. 尺寸基准的选择

　　综合考虑设计与工艺两方面的要求,合理地选择尺寸基准,是标注零件尺寸时首先要考虑的重要问题。标注尺寸时应尽可能使设计基准和工艺基准重合,做到既满足设计要求,又满足工艺要求。但实际上往往不能同时兼顾设计和工艺要求,此时必须对零件的各部分结构的尺寸进行分析,明确哪些是主要尺寸,哪些是非主要尺寸。主要尺寸应从设计基准出发进行标注,以直接反映设计要求,能体现所设计零件在部件中的功能。

8.4.3　尺寸标注步骤

　　(1)分析零件的形状结构,了解零件在部件中的工作位置和功能,了解零件各部分结构的加工要求。

(2) 确定零件各方向的尺寸基准。

(3) 先标注重要尺寸,再按加工顺序标注出其他的定形、定位和总体尺寸。

(4) 检查、调整尺寸标注的个数、位置等,使标注的尺寸具有完整性和合理性。

8.4.4 合理标注尺寸应注意的问题

1. 主要尺寸直接注出

主要尺寸是指直接影响零件在机器或部件中的工作性能和准确位置的尺寸,如零件间的配合尺寸、重要的安装定位尺寸等。如图 8.14(a)所示的轴承座,轴承孔的中心高 H 和安装孔的间距尺寸 L,必须直接注出,而不应如图 8.14(b)所示,主要尺寸 H、L 没有直接注出,要通过其他尺寸 H_1、H_2 和 L_1、L_2、L_3 间接计算得到,从而造成尺寸误差的积累。

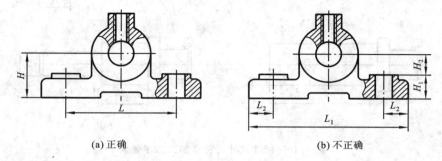

(a) 正确　　　　　　　　　　　(b) 不正确

图 8.14　主要尺寸应直接注出

2. 避免注成封闭尺寸链

零件某一方向上的尺寸首、尾相互连接,构成封闭尺寸链,如图 8.15(b)所示的轴向尺寸 L、L_1、L_2、L_3,这种情况应该避免。因为 L 是 L_1、L_2、L_3 之和,而每个尺寸在加工后都有误差,则 L 的误差为另外三个尺寸误差的总和,可能达不到设计要求。所以应选一个次要尺寸 L_3 空出不注,以便所有的尺寸误差都积累到这一段上,保证主要尺寸的精度,如图 8.15(a)所示,这样避免了标注封闭尺寸链的情况。

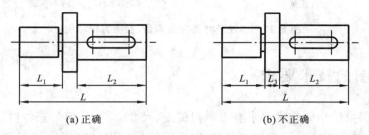

(a) 正确　　　　　　　　　　　(b) 不正确

图 8.15　避免注成封闭尺寸链示例

3. 标注尺寸要便于加工和测量

1) 考虑符合加工顺序的要求

如图 8.16(a)所示的传动轴,长度方向尺寸的标注符合加工顺序。从图 8.16(b)至(e)所示的轴在车床上的加工顺序可看出,从下料到每一加工工序(b)→(c)→(d)→(e),图中都直接注出所需尺寸(图中第二道工序后,将小轴调头)。

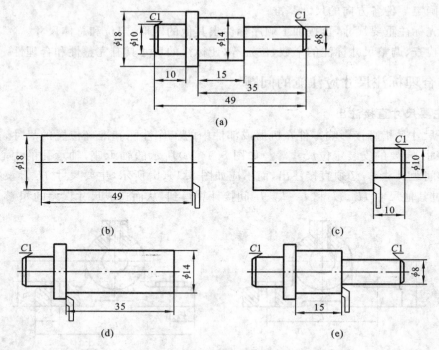

图 8.16 标注尺寸应符合加工工序要求

2) 考虑测量、检验方便的要求

图 8.17 所示为常见的几种断面形状,显然图 8.17(a)中标注尺寸便于测量、检验,而图 8.17(b)中标注的尺寸不便于测量、检验。

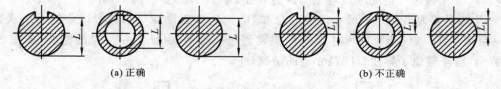

图 8.17 标注尺寸要考虑测量、检验方便示例

8.5 零件图的技术要求

零件图中需要给出的技术要求有表面粗糙度、尺寸公差、几何公差、材料热处理要求等。绘制零件图时,对有规定标记的技术要求,用规定的代(符)号直接标注在视图中,而对没有规定标记的技术要求,则以简明的文字说明注写在标题栏的上方或左侧。

8.5.1 表面结构

在机械图样上,为保证零件装配后的使用要求,除了对零件各部分结构给出尺寸公差、几何公差的要求外,还要根据功能需要对零件的表面质量——表面结构给出要求。表面结构是表面粗糙度、表面波纹度、表面缺陷、表面纹理和表面几何形状的总称。

1. 基本概念及术语

1）表面粗糙度

零件经过机械加工后的表面会留有许多高低不平的凸峰和凹谷，零件加工表面上具有较小间距和峰谷所组成的微观几何形状特性，称为表面粗糙度。表面粗糙度与加工方法、切削刀具和工件材料等各种因素都有密切关系。

表面粗糙度是评定零件表面质量的一项重要技术指标，对于零件的配合、耐磨性、耐蚀性及密封性等都有显著影响，是零件图中必不可少的一项技术要求。

零件表面粗糙度的选用，应该既能满足零件表面的功能要求，又要考虑经济合理。一般情况下，凡是零件上有配合要求或有相对运动的表面，表面粗糙度参数值要小。参数值越小，表面质量越高，但加工成本也越高。因此，在满足使用要求的前提下，应尽量选用较大的表面粗糙度参数值，以降低成本。

2）表面波纹度

在机械加工过程中，由于机床、工件和刀具系统的振动，在工件表面所形成的间距比表面粗糙度大得多的表面不平度，称为表面波纹度。表面波纹度是影响零件使用寿命和引起振动的重要因素。

表面粗糙度、表面波纹度及表面几何形状总是同时生成并存在于同一表面。

3）评定表面结构常用的轮廓参数

对于零件表面结构的状况，可由三类参数加以评定：轮廓参数（由 GB/T 3505—2009 定义）、图形参数（由 GB/T 18618—2009 定义）、支承率曲线参数（由 GB/T 18778.2—2003 和 GB/T 18778.3—2006 定义）。其中轮廓参数是我国机械图样中最常用的评定参数，本节仅介绍轮廓参数中评定表面粗糙度轮廓（R 轮廓）的两个高度参数 Ra 和 Rz，其相关规定见国标 GB/T 131—2006。

（1）算术平均偏差 Ra 是指在一个取样长度内，纵坐标 $Z(x)$ 绝对值的算术平均值（见图 8.18）。其计算公式为

$$Ra = \frac{1}{l}\int_0^l |z(x)|\,\mathrm{d}x$$

（2）轮廓的最大高度 Rz 是指在同一取样长度内，最大轮廓峰高与最大轮廓谷深之和的高度（见图 8.18）。

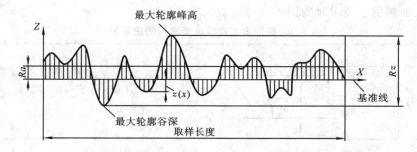

图 8.18 轮廓算术平均偏差 Ra 和轮廓最大高度 Rz

4）有关检验规范的基本术语

检验评定表面结构的参数值必须在特定条件下进行。国家标准规定，图样中注写参数代号及其数值要求的同时，还应明确其检验规范。

有关检验规范方面的基本术语有取样长度和评定长度、轮廓滤波器和传输带，以及极限值判断规则。

（1）取样长度和评定长度　以粗糙度高度参数的测量为例，由于表面轮廓的不规则性，测量结果与测量段的长度密切相关。当测量段过短时，各处的测量结果会产生很大差异；当测量段过长时，测量的高度值中将不可避免地包含波纹度的幅值。因此，应在 X 轴（即基准线）上选取一段适当长度进行测量，这段长度称为取样长度。

在每一取样长度内的测量值通常是不等的。为取得表面粗糙度最可靠的值，一般取几个连续的取样长度进行测量，并以各取样长度内测量值的平均值作为测得的参数值。这段在 X 轴方向上用于评定轮廓的、包含着一个或几个取样长度的测量段称为评定长度。

当参数代号后未注明取样长度个数时，评定长度即默认为 5 个取样长度，否则应注明个数。例如，$Rz0.4$、$Ra3\ 0.8$、$Rz1\ 3.2$ 分别表示评定长度为 5 个（默认）、3 个、1 个取样长度。

（2）轮廓滤波器和传输带　粗糙度等三类轮廓各有不同的波长范围，它们又同时叠加在同一表面轮廓上。因此，在测量评定三类轮廓上的参数时，必须先将表面轮廓在特定仪器上进行滤波，以分离获得所需波长范围的轮廓。这种可将轮廓分成长波和短波成分的仪器称为轮廓滤波器。由两个不同截止波长的滤波器分离获得的轮廓波长范围称为传输带。

按滤波器的不同截止波长值，由小到大顺次分为 λs、λc 和 λf 三种，粗糙度等三类轮廓就是分别应用这些滤波器修正表面轮廓后获得的：应用 λs 滤波器修正后形成的轮廓称为原始轮廓（P 轮廓）；在 P 轮廓上再应用 λc 滤波器修正后形成的轮廓即为粗糙度轮廓（R 轮廓）；对 P 轮廓连续应用 λf 和 λc 滤波器修正后形成的轮廓称为波纹度轮廓（W 轮廓）。

（3）极限值判断规则　完工零件的表面按检验规范测得轮廓参数值后，需与图样上给定的极限值比较，以判断其是否合格。极限值判断规则有两种：①16％规则，即当被检表面上测得的全部参数值中超过极限值的个数不多于总个数的 16％ 时，该表面是合格的；②最大规则，即整个被检表面上测得的所有参数值都不应超过给定的极限值。

16％规则是所有表面结构要求标注的默认规则，即当参数代号后未注写"max"字样时，均默认为应用 16％规则（例如 $Ra0.8$）；反之，则应用最大规则（例如 $Ramax0.8$）。

2．标注表面粗糙度的图形符号

标注表面粗糙度要求时的图形符号见表 8.1。

表 8.1　标注表面粗糙度要求时的图形符号

符 号 名 称	符　　号	含　　义
基本图形符号		未指定工艺方法的表面，当通过一个注释解释时可单独使用

续表

符 号 名 称	符 号	含 义
扩展图形符号		用去除材料方法获得的表面,仅当其含义是"被加工表面"时可单独使用
		不去除材料的表面,也可用于保持上道工序形成的表面,不管这种状况是通过去除或不去除材料形成的
完整图形符号		在以上各种符号的长边上加一横线,以便标注对表面粗糙度的各种要求

当图样中某个视图上构成封闭轮廓的各表面有相同的表面粗糙度要求时,在完整图形符号上加一圆圈,标注在封闭轮廓线上,如图 8.19 所示。图中的表面粗糙度符号是指对图形中封闭轮廓的五个面的共同要求(不包括前后面)。

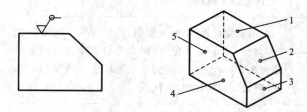

图 8.19 对周边各面有相同的表面粗糙度要求的注法

3. 表面粗糙度要求在图形符号中的注写位置

为了明确表面粗糙度要求,除了标注表面粗糙度参数和数值外,必要时应标注补充要求,包括传输带、取样长度、加工工艺、表面纹理及方向、加工余量等。这些要求在图形符号中的注写位置如图 8.20 所示,图形符号的比例和尺寸如表 8.2 所示。

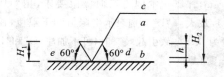

位置a 注写表面粗糙度单一要求;
位置$a(b)$ a注写第一表面粗糙度要求;
　　　　　b注写第二表面粗糙度要求;
位置c 注写加工方法, 如"车"、"磨"、"镀";
位置d 注写表面纹理方向, 如"="、"×"、"M";
位置e 注写所要求的加工余量。

图 8.20 图形符号的画法及表面粗糙度补充要求的注写位置

表 8.2 图形符号和附加标注的尺寸 mm

粗 实 线 宽	0.35	0.5	0.7	1	1.4	2	2.8
数字和字母高度 h	2.5	3.5	5	7	10	14	20
符号、文本笔画线宽	0.25	0.35	0.5	0.7	1	1.4	2
高度 H_1	3.5	5	7	10	14	20	28
高度 H_2	7.5	10.5	15	21	30	42	60

注:表中 H_2 为最小值,实际高度取决于标注的内容。

4. 表面粗糙度代号

表面粗糙度符号中注写了具体参数代号及参数值等要求后,称为表面粗糙度代号。表面粗糙度代号及其含义示例见表8.3。

表 8.3　表面粗糙度代号及其含义示例

序号	代号示例	含义/解释	补 充 说 明
1	√$Ra0.8$	表示不允许去除材料,单向上限值,默认传输带,R轮廓,算术平均偏差为$0.8\ \mu m$,评定长度为5个取样长度(默认),16%规则(默认)	参数代号与极限值之间应留空格。本例未标注传输带,应理解为默认传输带,此时取样长度可在 GB/T 10610—2009 和 GB/T 6062—2009 中查取
2	√$Rzmax0.2$	表示去除材料,单向上限值,默认传输带,R轮廓,轮廓最大高度的最大值为$0.2\ \mu m$,评定长度为5个取样长度(默认),最大规则	示例1～4均为单向极限要求,且均为单向上限值,则均可不加注"U";若为单向下限值,则应加注"L"
3	√$0.008—0.8/Ra3.2$	表示去除材料,单向上限值,传输带$0.008\sim0.8$ mm,R轮廓,算术平均偏差为$3.2\ \mu m$,评定长度为5个取样长度(默认),16%规则(默认)	传输带"0.008—0.8"中的前后数值分别为短波和长波滤波器的截止波长($\lambda s—\lambda c$),以示波长范围,此时取样长度等于λc,即$lr=0.8$ mm
4	√$-0.8/Ra3\ 3.2$	表示去除材料,单向上限值,传输带$0.002\ 5\sim0.8$ mm,R轮廓,算术平均偏差为$3.2\ \mu m$,评定长度为3个取样长度,16%规则(默认)	传输带仅注出一个截止波长值(本例0.8表示λc值)时,另一截止波长值λc应理解为默认值,由 GB/T 6062—2009 中查知$As=0.002\ 5$ mm
5	√ U$Ramax3.2$ L$Ra\ 0.8$	表示不允许去除材料,双向极限值,两极限值均使用默认传输带,R轮廓。上限值:算术平均偏差为$3.2\ \mu m$,评定长度为5个取样长度(默认),最大规则。下限值:算术平均偏差为$0.8\ \mu m$,评定长度为5个取样长度(默认),16%规则(默认)	本例为双向极限要求,用"U"和"L"分别表示上限值和下限值,在不致引起歧义时,可不加注"U"和"L"

5. 表面粗糙度要求在图样中的注法(GB/T 131—2006)

(1) 表面粗糙度要求对每一表面一般只注一次,并尽可能注在相应的尺寸及其公差的同一视图上。除非另有说明,所标注的表面粗糙度要求是对完工零件表面的要求。

(2) 表面粗糙度的注写和读取方向与尺寸的注写和读取方向一致。表面粗糙度要求可标注在轮廓线上,其符号应从材料外指向并接触表面(见图8.21)。必要时,表面粗糙度要求也可用带箭头或黑点的指引线引出标注(见图8.21和图8.22)。

(3) 在不致引起误解时,表面粗糙度要求可以标注在给定的尺寸线上(见图8.23)。

(4) 表面粗糙度要求可标注在几何公差框格的上方(见图8.24)。

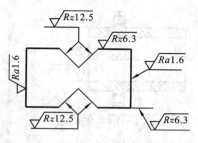

图 8.21 表面粗糙度要求在轮廓线上的标注

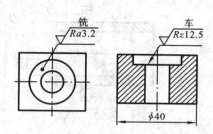

图 8.22 用指引线引出标注表面粗糙度要求

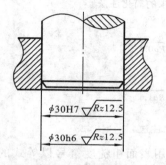

图 8.23 表面粗糙度标注在尺寸线上

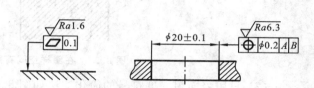

图 8.24 表面粗糙度标注在形位公差框格的上方

（5）圆柱和棱柱的表面粗糙度要求只标注一次（见图 8.25）。如果每个棱柱表面有不同的表面粗糙度要求，则应分别单独标注（见图 8.26）。

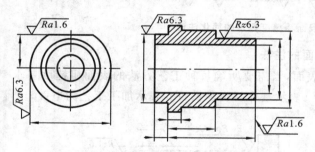

图 8.25 表面粗糙度标注在圆柱特征的延长线上

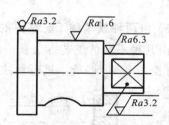

图 8.26 圆柱和棱柱的表面粗糙度要求的注法

6. 表面粗糙度要求在图样中的简化注法

1）有相同表面粗糙度要求的简化注法

如果在工件的多数（包括全部）表面有相同的表面粗糙度要求时，则其表面粗糙度要求可统一标注在图样的标题栏附近（不同的表面粗糙度要求应直接标注在图形中）。此时，表面粗糙度要求的符号后面应有：

（1）在圆括号内给出无任何其他标注的基本符号（见图 8.27(a)）；

（2）在圆括号内给出不同的表面粗糙度要求（见图 8.27(b)）。

2）多个表面有共同要求的注法

（1）用带字母的完整符号的简化注法如图 8.28 所示，用带字母的完整符号以等式的形式，在图形或标题栏附近对有相同表面粗糙度要求的表面进行简化标注。

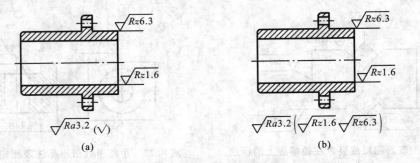

图 8.27　大多数表面有相同表面粗糙度要求的简化注法

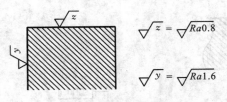

图 8.28　在图样空间有限时的简化注法

（2）只用表面粗糙度符号的简化注法如图 8.29 所示，用表面粗糙度符号以等式的形式给出多个表面共同的表面粗糙度要求。图中的这三个简化注法，分别表示未指定工艺方法、要求去除材料、不允许去除材料的表面粗糙度代号。

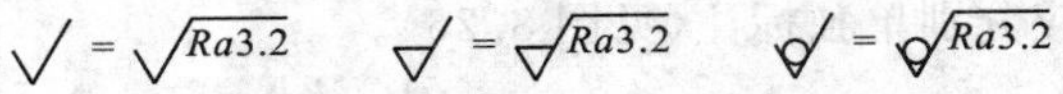

$$\sqrt{} = \sqrt{Ra3.2} \qquad \sqrt{} = \sqrt{Ra3.2} \qquad \sqrt{} = \sqrt{Ra3.2}$$

图 8.29　多个表面粗糙度要求的简化注法

3）由两种或多种工艺获得的同一表面的注法

由几种不同的工艺方法获得的同一表面，当需要明确每种工艺方法的表面粗糙度要求时，可按图 8.30(a)所示进行标注（图中 Fe 表示基体材料为铁，Ep 表示加工工艺为电镀）。

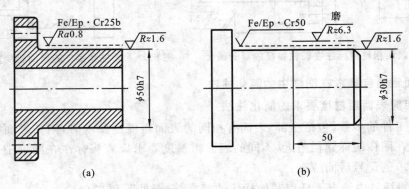

图 8.30　多种工艺获得同一表面的注法

图 8.30(b)所示为三个连续的加工工序的表面粗糙度、几何尺寸和表面处理的标注。

第一道工序：单向上限值，$Rz = 1.6\ \mu m$，16% 规则（默认），默认评定长度，默认传输带，表面纹理没有要求，去除材料的工艺。

第二道工序:镀铬,无其他表面粗糙度要求。

第三道工序:一个单向上限值,仅对长为 50 mm 的圆柱表面有效,$Rz=6.3\ \mu m$,16%规则(默认),默认评定长度,默认传输带,表面纹理没有要求,磨削加工工艺。

8.5.2　极限与配合

1. 极限与配合的基本概念

1) 零件的互换性

在生产实践中,相同规格的一批零件,任取其中的一个,不经挑选和修配,就能合适地装到机器中去,并能满足机器性能的要求,零件具有的这种性质称为互换性。零件具有互换性,既能进行高效率的专业化大规模生产,提高产品质量,降低成本,又能实现各生产部门的横向协作。

2) 尺寸公差

为保证零件的互换性,必须将零件的尺寸控制在允许变动的范围内,这个允许的尺寸变动量称为尺寸公差。尺寸公差的相关规定见 GB/T 4458.5—2003《机械制图　尺寸公差与配合注法》。

3) 极限与配合的术语和定义(GB/T 1800.1—2009)

(1)公称尺寸　由图样规范确定的理想形状要素的尺寸。

(2)实际尺寸　对成品零件中某一孔或轴,通过测量获得的尺寸。

(3)极限尺寸　允许零件实际尺寸变化的极限值。包括:上极限尺寸——允许的最大尺寸;下极限尺寸——允许的最小尺寸。

(4)零线　在极限与配合图解中,表示公称尺寸的一条直线,如图 8.31 所示。

(5)极限偏差　极限尺寸减去公称尺寸所得代数差,即上极限尺寸和下极限尺寸减公称尺寸所得的代数差,分别为上极限偏差和下极限偏差,统称极限偏差。孔的上、下极限偏差分别用大写字母 ES 和 EI 表示,轴的上、下极限偏差分别用小写字母 es 和 ei 表示。

$$上极限偏差(ES、es)=上极限尺寸-公称尺寸$$
$$下极限偏差(EI、ei)=下极限尺寸-公称尺寸$$

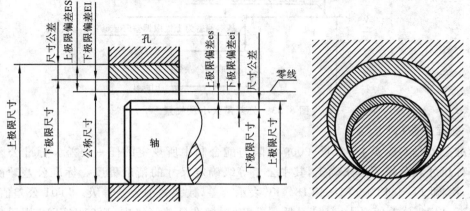

图 8.31　极限与配合术语

（6）尺寸公差（简称公差）　允许尺寸的变动量，即上极限尺寸减下极限尺寸，也等于上极限偏差减下极限偏差所得的代数差。尺寸公差恒为正。

$$尺寸公差＝上极限尺寸－下极限尺寸＝上极限偏差－下极限偏差$$

（7）公差带、公差带图　公差带是表示公差大小和相对零线位置的一个区域。为简化起见，一般只画出上、下极限偏差围成的矩形框简图，称为公差带图，如图 8.32（b）所示。

由图 8.32 中的标注得知

$$公称尺寸＝\phi16$$

$$上极限偏差（es）＝－0.006\ mm，\quad 下极限偏差（ei）＝－0.024\ mm$$

$$上极限尺寸＝公称尺寸＋上极限偏差＝16＋（－0.006）＝15.994\ mm$$

$$下极限尺寸＝公称尺寸＋下极限偏差＝16＋（－0.024）＝15.976\ mm$$

可算出：

$$尺寸公差＝上极限偏差－下极限偏差＝（－0.006）－（－0.024）＝0.018\ mm$$

（8）极限制　经标准化的公差与偏差制度，称为极限制。

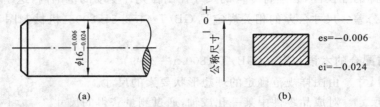

图 8.32　轴的尺寸公差及公差带图

2. 标准公差与基本偏差

为了便于生产，并满足不同使用需求，GB/T 1800.1—2009《产品几何技术规范（GPS）　极限与配合　第 1 部分：公差、偏差和配合的基础》规定：孔、轴公差带由标准公差和基本偏差两个要素组成。标准公差确定公差带的大小，基本偏差确定公差带的位置，如图 8.33 所示。

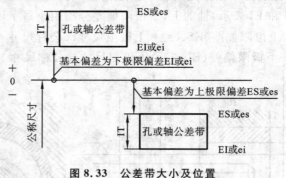

图 8.33　公差带大小及位置

1）标准公差（IT）

标准公差是 GB/T 1800.1—2009 极限与配合制中所规定的任一公差。标准公差的数值由公称尺寸和公差等级来确定，其中公差等级确定尺寸的精确程度。标准公差顺次分为 20 个等级，即 IT01、IT0、IT1～IT18。IT 表示公差，数字表示公差等级。IT01 公差值最小，精度最高；IT18 公差值最大，精度最低。在 20 个标准公差等级中，IT01～IT12 用于配合尺寸。各级标准公差的数值可查阅相关手册。

2）基本偏差

基本偏差是 GB/T 1800.1—2009 极限与配合制中，确定公差带相对零线位置的上极限偏差或下极限偏差，一般是指孔和轴的公差带中靠近零线的那个偏差。当公差带在零线的上方时，本基偏差为下极限偏差；反之则为上极限偏差，如图 8.34 所示。基本偏差代号：对孔用大写字母 A，B，…，ZC 表示，对轴用小写字母 a，b，…，zc 表示。

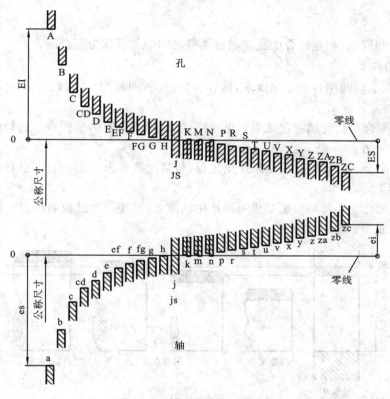

图 8.34 基本偏差系列示意图

GB/T 1800.1—2009 对孔和轴各规定了 28 个基本偏差，如图 8.34 所示。其中 A～H（a～h）用于间隙配合；J～ZC（j～zc）用于过渡配合和过盈配合。从基本偏差系列图中可以看到：孔的基本偏差 A～H 为下极限偏差，J～ZC 为上极限偏差；轴的基本偏差 a～h 为上极限偏差；j～zc 为下极限偏差；JS 和 js 没有基本偏差，其上、下极限偏差相对零线对称，孔和轴的上、下极限偏差分别都是＋IT/2、−IT/2。基本偏差系列示意图只表示公差带的位置，不表示公差带的大小，因此，公差的一端是开口的，公差的另一端由标准公差限定。

如果基本偏差和标准公差等级确定了，那么孔和轴的公差带位置和大小就确定了，这时它们的配合类别也就确定了。

根据尺寸公差的定义，基本偏差和标准公差有以下计算公式：

$$ES＝EI＋IT \text{ 或 } EI＝ES－IT$$

$$ei＝es－IT \text{ 或 } es＝ei＋IT$$

孔和轴的公差代号由基本偏差代号与公差等级数字共同表示。例如：

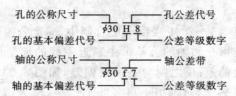

3. 配合

公称尺寸相同的、相互结合的孔与轴公差带之间的关系称为配合。

1）配合的种类

按照使用孔、轴间配合的松紧要求,配合分为三类:间隙配合、过渡配合和过盈配合,如图 8.35 所示。

（1）间隙配合　孔与轴装配结果产生间隙（包括间隙量为 0）的配合。这种配合,孔公差带在轴公差带上方。

（2）过盈配合　孔与轴装配结果产生过盈（包括过盈量为 0）的配合。这种配合,孔公差带在轴公差带下方。

（3）过渡配合　孔与轴装配结果可能产生间隙,也可能产生过盈的配合。这种配合,孔与轴公差带有重合部分。

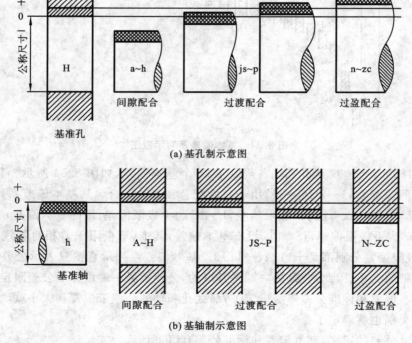

图 8.35　基准制配合的示意图

2）配合制

根据生产实际需要，GB/T 1800.1—2009 规定了两种配合制：基孔制配合与基轴制配合。两种基准制都有三种类型的配合，基孔制的三种配合公差带示意图如图 8.36 所示。

（1）基孔制 基本偏差为一定的孔公差带，与不同基本偏差的轴公差带形成各种配合的制度，称为基孔制。基孔制的孔为基准孔，基本偏差代号为"H"，其下极限偏差为零。

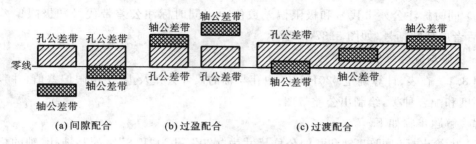

　　　（a）间隙配合　　　　　　（b）过盈配合　　　　　　（c）过渡配合

图 8.36　基孔制三类配合的公差带

（2）基轴制 基本偏差为一定的轴的公差带，与不同基本偏差的孔公差带形成各种配合的制度，称为基轴制。基轴制的轴称为基准轴，基本偏差代号为"h"，其上极限偏差为零。

　　一般情况下，应优先采用基孔制，这样既方便加工制造，又可缩减所用定直径的刀具、量具的数量，比较经济合理。

（3）配合代号 配合代号由孔和轴的公差带代号组合而成，写成分数形式，分子为孔的公差带代号，分母为轴的公差带代号。若分子中孔的基本偏差代号为"H"时，表示该配合为基孔制；若分母中轴的基本偏差代号为"h"时，表示该配合为基轴制。当轴与孔的基本偏差同为 h（H）时，根据基孔制优先的原则，一般应首先考虑为基孔制。

　　例如，代号 $\phi30\dfrac{\text{H7}}{\text{h6}}$ 的含义是相互配合的轴与孔公称尺寸为"$\phi30$"，基孔制配合制度，孔为标准公差"IT7"级的基准孔，与其配合的轴基本偏差为"h"，标准公差为"IT6"级。

4. 极限与配合在图样上的标注

1）在装配图上的标注形式

　　在装配图上标注配合代号，如图 8.37（a）所示，在公称尺寸 $\phi18$ 和 $\phi14$ 后面，分别用一分式表示：分子为孔的公差带代号，分母为轴的公差带代号。

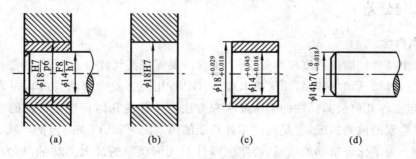

　　　　（a）　　　　　　　（b）　　　　　　　（c）　　　　　　　（d）

图 8.37　公差与配合的标注方法

2）在零件图上的公差注法

（1）标注公差带代号　在公称尺寸的右边标注公差带代号，如图 8.37(b)所示。

（2）标注极限偏差　在公称尺寸的右边标注上极限偏差和下极限偏差的数值，上下偏差的数字字号比公称尺寸的数字字号小一号，公差数值与公称尺寸底部对齐，如图 8.37(c)所示。

（3）同时标注公差带代号和极限偏差数值　当同时标注公差带代号和极限偏差数值时，则后者应加圆括号，如图 8.37(d)所示。

5．极限与配合举例

例 8.1　查表、计算确定 ϕ20H8/f7 中孔与轴的尺寸公差及上、下极限偏差值，并判断其配合制度和配合种类，绘制出公差带图。

解　解题步骤如下。

（1）由给出标记可知，轴和孔的公称尺寸为"ϕ20"，孔为"IT8"级的基准孔，轴的标准公差为"IT7"，基本偏差为"f"。

（2）ϕ20H8 基准孔的上、下极限偏差可由附表 20 中查得。在表中由公称尺寸从大于 18 至 24 的行和孔的公差带 H8 的列相交处查得$_0^{+33}$（即$_0^{+0.033}$mm），这就是基准孔的上、下极限偏差，所以 ϕ20H8 可写成 $\phi 20_0^{+0.033}$。

（3）ϕ20f7 配合轴的上、下极限偏差，可由附表 19 中查得。在表中由公称尺寸从大于 18 至 24 的行和轴的公差带 f7 的列相交处查得$_{-41}^{-20}$，就是配合轴的上极限偏差和下极限偏差，所以 ϕ20f7 可写成 $\phi 20_{-0.041}^{-0.020}$。

（4）由于孔的下极限尺寸大于轴的上极限尺寸，所以该配合为间隙配合。

（5）绘制公差带图如图 8.38 所示。

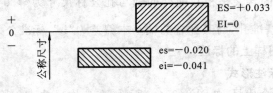

图 8.38　公差带图

8.5.3　几何公差

1．基本概念

在机器中某些精确度程度较高的零件，不仅需要保证其尺寸公差，而且还要保证其几何公差。GB/T 1182—2008《产品几何技术规范（GPS）几何公差　形状、方向、位置和跳动公差标注》规定工件几何公差标注的基本要求和方法。零件的几何特性是零件的实际要素对其几何理想要素的偏离情况，它是决定零件功能的因素之一，几何误差包括形状、方向、位置和跳动误差。为了保证机器的质量，要限制零件对几何误差的最大变动量，称为几何公差，允许变动量的值称为公差值。

对要求较高的零件，则根据设计要求，需在零件图上注出有关的几何公差。如图 8.39

(a)所示的滚柱,为了保证滚柱工作质量,除了注出直径的尺寸公差外,还需要注滚柱轴线的形状公差 — $\boxed{\text{—} \mid \phi 0.006}$,这个代号表示滚柱实际轴线与理想轴线之间的变动量——直线度;必须保持在 $\phi 0.006$ mm 的圆柱面内。又如图 8.39(b)所示,箱体上两个孔是安装锥齿轮的轴的孔,如果两个孔轴线歪斜太大,就会影响锥齿轮的啮合传动。为了保证正常的啮合,应该使两孔轴线保持一定的垂直位置,所以要注上位置公差——垂直度,图中 $\boxed{\perp \mid 0.05 \mid A}$ 说明水平孔的轴线,必须位于距离为 0.05 mm、且垂直于铅垂孔的轴线的两平行平面之间,A 为基准符号字母。

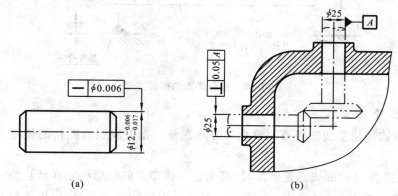

图 8.39 几何公差示例

2. 几何特征和符号

几何公差的类型、几何特征和符号见表 8.4。

表 8.4 几何特征符号

公差类型	几何特征	符号	有无基准	公差类型	几何特征	符号	有无基准
形状公差	直线度	—	无	位置公差	位置度	⊕	有或无
	平面度	▱			同心度(用于中心线)	◎	有
	圆度	○					
	圆柱度	⌀			同轴度(用于轴线)		
	线轮廓度	⌒					
	面轮廓度	⌓			对称度	=	
方向公差	平行度	//	有		线轮廓度	⌒	
	垂直度	⊥			面轮廓度	⌓	
	倾斜度	∠		跳动公差	圆跳动	↗	
	线轮廓度	⌒			全跳动	↗↗	
	面轮廓度	⌓					

3. 附加符号及其标注

本节仅简要介绍 GB/T 1182—2008 中标注被测要素几何公差的附加符号——公差框格,以及基准要素的附加符号。需用其他的附加符号时,读者可查阅该标准。

1) 公差框格和基准的构成、画法

(1)用公差框格标注几何公差时,公差要求注写在划分成两格或多格的矩形框格内。

各格自左向右标注以下内容,其画法如图 8.40 所示。

（2）与被测要素相关的基准用一个大写字母表示。字母标注在基准方格内,与一个涂黑的或空白的三角形相连以表示基准,如图 8.40 所示。表示基准的字母还应标注在公差框格内。涂黑的和空白的基准三角形含义相同。

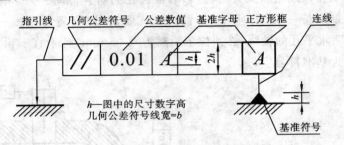

图 8.40　被测要素的标注方法

2）被测要素

按下列方式用指引线连接被测要素和公差框格。指引线引自框格的任意一侧,终端带一箭头。

（1）当公差涉及轮廓线或轮廓面时,箭头指向该要素的轮廓线或其延长线（应与尺寸线明显错开）,如图 8.41(a)、(b)所示。箭头也可指向引出线的水平线,引出线引自被测面,如图 8.41(c)所示。

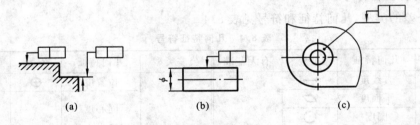

图 8.41　被测要素的标注方法（一）

（2）当公差涉及要素的中心线、中心面或中心点时,箭头应位于相应尺寸的延长线上,如图 8.42 所示。

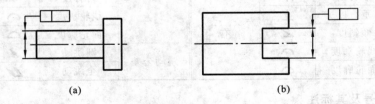

图 8.42　被测要素的标注方法（二）

3）基准

（1）带基准的基准三角形应按如下规定放置。

当基准要素是轮廓线或轮廓面时,基准三角形放置在要素的轮廓线或其延长线上(与尺寸线明显错开),如图 8.43(a)所示;基准三角形也可放置在该轮廓面引出线的水平线上,如图 8.43(b)所示。

当基准是尺寸要素确定的轴线、中心平面或中心点时,基准三角形应放置在该尺寸的延长线上,如图 8.44(a)所示。如果没有足够的位置标注基准要素尺寸的两个尺寸箭头,则其中一个箭头可用基准三角形代替,如图 8.44(b)所示。

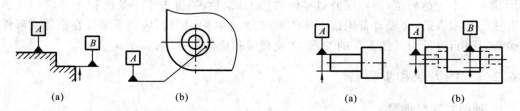

(a)   (b)   (a)   (b)

图 8.43 基准要素的常用标注方法(一)   图 8.44 基准要素的常用标注方法(二)

(2) 以单个要素作基准时,在公差框格内用一个大写字母表示,如图 8.45(a)所示。以两个要素建立公共基准体系时,用中间加连字符的两个大写字母表示,如图 8.45(b)所示。以两个或三个基准建立基准体系(即采用多基准)时,表示基准的大写字母按基准的优先顺序自左至右填写在各个框格内,如图 8.45(c)所示。

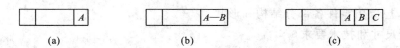

(a)   (b)   (c)

图 8.45 基准要素的常用标注方法(三)

4. 几何公差标注示例

图 8.46 所示为一根气门阀杆,从图中可以看到,当被测要素为线或表面时,从框格引出的指引线箭头,应指在该要素的轮廓线或其延长线上。当被测要素是轴线时,应将箭头与该要素的尺寸线对齐,如 M8×1 轴线的同轴度注法。当基准要素是轴线时,应将基准符号与该要素的尺寸线对齐,如基准 A。

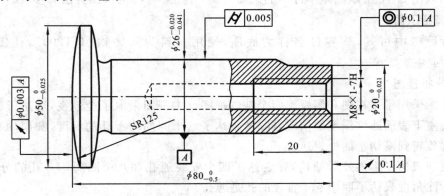

图 8.46 几何公差标注示例

8.6   读零件图

8.6.1   读图目的

零件图是生产中指导制造和检验该零件的主要图样,它不仅应将零件的材料,内、外结构形状和大小表达清楚,而且还要对零件的加工、检验、测量提供必要的技术要求。从事各种专业的技术人员,必须具备识读零件图的能力。读零件图时,应联系零件在机器或部件中的位置、作用,以及与其他零件的关系,才能理解和读懂零件图。

8.6.2   读图方法和步骤

1. 读图方法和步骤

1) 概括了解

从零件图的标题栏中了解零件的名称、材料、绘图比例等属性,初步分析出零件的特点和制造方法等。

2) 分析视图

通过分析零件图中各视图所表达的内容,找出各部分的对应关系,采用形体分析、线面分析等方法,想象出零件各部分结构和形状。

3) 分析尺寸和技术要求

分析确定各方向的主要尺寸基准,了解定形、定位和总体尺寸,了解加工表面的精度要求和零件的其他技术要求。

4) 综合归纳

零件图表达了零件的结构形式、尺寸及其精度要求等内容,它们之间是相互关联的。读图时应将视图、尺寸和技术要求综合考虑,才能对这个零件形成完整的认识。

2. 读图举例

下面以图 8.47 所示底座零件图的读图为例,介绍零件图的读图方法和步骤。

1) 概括了解

从标题栏中可知,该零件名称为底座,使用材料为灰铸铁"HT200",作图比例为"1∶1",与实物大小一致。

2) 分析视图

零件图采用了主视图和俯视图两个基本视图。主视图采取了全剖视,表达了底座上部盲孔和底座下表面凹坑深度的情况,同时,表达了八个圆周均布孔的深度,圆周均布孔采用规定画法旋转到剖切平面处表达。

俯视图表达了零件外形结构,并表达了四个安装通孔和八个圆周均布孔的分布位置。另外从标注角度表达了四个 $\phi 14$ 直径的孔是通孔。

3) 分析尺寸和技术要求

长度方向尺寸标注的主要基准是通过底座内腔轴线的侧平面,宽度方向尺寸标注的主

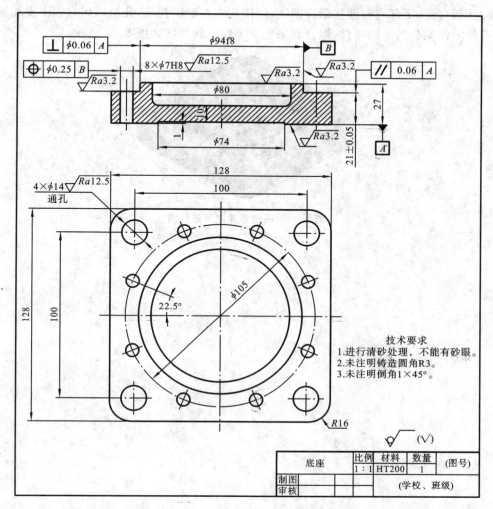

图 8.47 底座零件图

要基准是通过底座内腔轴线的正平面,高度方向尺寸标注的基准是底座的下底面。从这三个主要基准出发,结合零件的功用,可进一步分析主要尺寸和各组成部分的定形、定位尺寸,从而完全确定该底座的各部分大小。

从表面粗糙度标注看出,除八个圆周均布及四个 ϕ14 通孔表面粗糙度要求为 MRR Ra 12.5 外,其他加工面如底座上端面、凸台端面、下底面及凸台圆柱面表面粗糙度要求均为 MRR Ra 3.2,其余为铸造表面,说明该零件对表面粗糙度要求一般。

全图只有三个尺寸具有公差要求,即 ϕ94f8,21±0.05 和 8×ϕ7H8,这是底座与其他零件相配合的地方,说明它是该零件的核心部分。

壳体材料为铸铁,为保证壳体加工后不致产生裂缝和变形而影响工作,因此铸件应经清砂处理。零件上的未注铸造圆角为 R3,未注倒角为 1×45°。

4）综合归纳

结合两个视图可知,该零件基本形状是由一四棱柱和一圆柱凸台叠加而成,凸台上部开了一圆柱形盲孔,下部有一圆柱形浅凹坑,周围均布八个圆孔(通孔),四周有四个安装通孔,是与其他零件配合的底座零件,综合起来想象零件空间形状如图 8.48 所示。

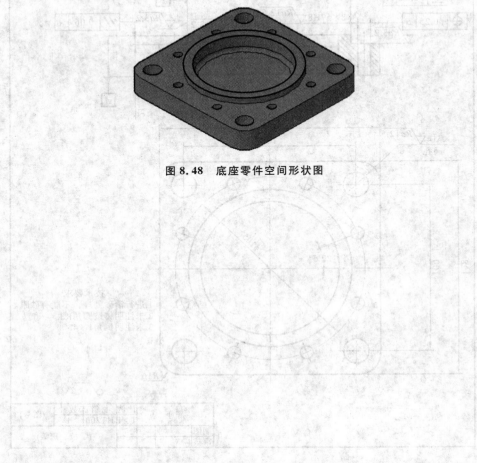

图 8.48 底座零件空间形状图

第9章 装 配 图

若干个零件按照一定的装配关系和技术要求进行装配,这样就得到了部件或机器产品(统称装配体),从而实现一定的功能和用途(见图9.1)。本章主要介绍表达和阅读装配体的方法。

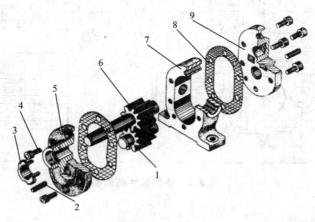

图 9.1 齿轮泵分解图

1—从动齿轮轴;2—销;3—压紧螺母;4—螺钉;5—左泵盖;
6—主动齿轮轴;7—泵体;8—垫片;9—右泵盖

9.1 装配图概述

9.1.1 装配图的作用和内容

1. 装配图的作用

在设计过程中,设计者首先需要根据设计要求画出机器(部件)的装配图,然后再根据装配图绘制出零件图。在生产过程中,将加工好的零件按装配图装配成机器或部件。在调整、检验、维修机器(部件)时都需要用到装配图。因此,装配图是生产中的重要技术文件。

2. 装配图的内容

装配图是表达机器(部件)的工作原理、各零件之间的装配连接关系的图样。一张完整的装配图应该具备如下内容。下面以图9.2所示的油杯轴承为例进行介绍。

1) 一组图形

用一组视图,采用合适的表达方法,完整、准确、清晰地表达出装配体的工作原理、各零件的相对位置及装配连接关系、主要零件的结构形状。

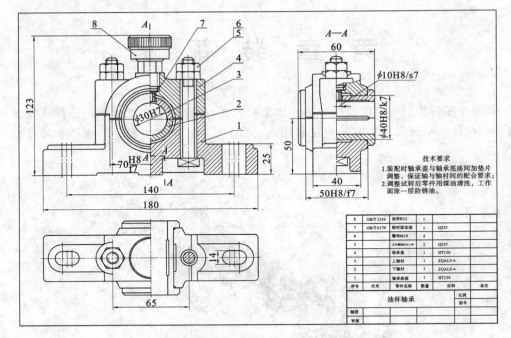

图 9.2 油杯轴承装配图

2）必要的尺寸

机器（部件）的性能、规格、装配、安装、外形等方面的尺寸。

3）技术要求

用文字或符号说明机器（部件）在装配、检验、调试、使用和维修等方面的要求。

4）零件序号、明细栏、标题栏

标题栏、明细栏的格式及内容遵循国家标准的相关规定。在装配图中对每个零件按照一定的顺序进行编号，并在明细栏中填写各零件的序号、名称、代号、数量和材料等信息。

在标题栏中注明装配图名称、图号、画图比例、设计单位、设计审核签名及日期等。

9.1.2 零件编号和明细栏

为了便于读图、图样管理和生产准备工作，装配图中的零件和部件都应该进行编号，这种编号称为序号，并填写明细栏。序号的编排方法和明细栏的填写应遵循 GB/T 4458.2—2003 的规定。

1. 零件的编号

1）零件编号的基本要求

（1）装配图中所有零、部件均应编号。

（2）装配图中一个部件可以只编一个号，同一装配图中相同的零、部件用一个序号，一般只标注一次。

（3）图中的序号应与明细栏中的序号一致。

（4）装配图中所用的指引线和基准线应按 GB/T 4457.2—2003 的规定绘制。

（5）装配图中字体的写法应符合 GB/T 14691—1993 的规定。

2）序号的编排方法

（1）编写零、部件序号的三种方法如图 9.3 所示。在水平的基准线（细实线）上或圆（细实线）内注写序号，序号字号比图中的尺寸数字字号大一号或两号；在指引线的非零件端附近注写序号，序号字号比图中的尺寸数字字号大一号或两号。

（2）零、部件序号应注写在视图轮廓线之外，指引线（细实线）应从所指零件的可见轮廓内引出，并在末端画一圆点；若所指部分（很薄的零件或涂黑的剖面）内不宜画圆点时，可在指引线的末端画出箭头，并指向该部分的轮廓。

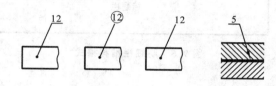

图 9.3 零件序号编写形式

（3）指引线彼此不得相交，指引线通过剖面区域时，不应与剖面线平行，必要时可画成折线，但只允许曲折一次。

（4）一组紧固件或装配关系清楚的零件组可采用公共指引线，如图 9.4 所示。

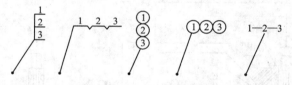

图 9.4 零件序号编写形式

（5）同一装配图中编排序号的形式应一致。

（6）装配图中序号应沿水平或垂直方向排列整齐，并按顺时针或逆时针顺序排列，如图 9.2 所示。

2. 明细栏

明细栏是机器（部件）中全部零、部件的详细目录，明细栏的标准格式按 GB/T 10609.2—2009 规定。

1）基本要求

（1）装配图中一般应有明细栏。明细栏外框为粗实线，内格为细实线，明细栏最上面的一条横线应该是细实线。

（2）明细栏画在标题栏的上方，序号应自下而上进行填写；若标题栏上方空间不够用，可以在紧靠标题栏左边继续明细栏。

（3）不能在标题栏上方配置明细栏时，可作为装配图的续页按 A4 幅面单独给出。

（4）当有两张或两张以上同一图样代号的装配图，且明细栏也不是作为装配图的续页给出时，明细栏应放在第一张装配图上。

2）明细栏的内容

明细栏一般由序号、代号（图样代号或标准号）、零件（含其重要参数，如齿轮的齿数、模数等）名称、数量、材料、备注等组成，也可按实际需要增加或减少。

明细栏格式按相关国家标准绘制，图9.5所示为本书建议采用的作业明细栏格式。

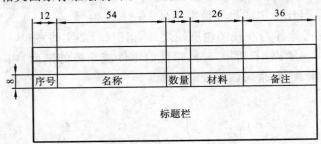

图9.5　明细栏推荐格式

9.2　装配图的表达方法

装配图所采用的一般表达方法与零件图的基本相同，也是通过各种视图、剖视、断面和局部放大图等表达的，如图9.6所示球阀装配体的表达。

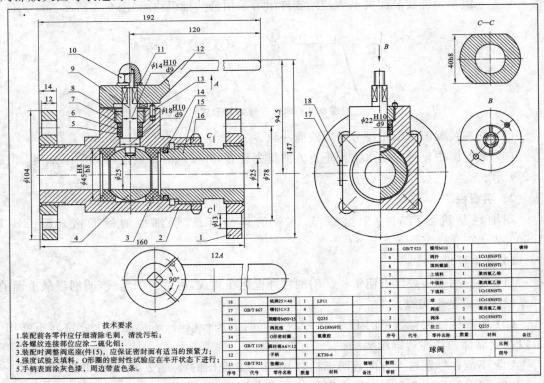

技术要求

1. 装配前各零件应仔细清除毛刺，清洗污垢；
2. 各螺纹连接部位应涂二硫化钼；
3. 装配时调整阀底座（件15），应保证密封面有适当的预紧力；
4. 强度试验及填料，O形圈的密封性试验应在半开状态下进行；
5. 手柄表面涂灰色漆，周边带蓝色条。

10	GB/T 923	螺母M10	1		镀锌
9		阀杆	1	1Cr18Ni9Ti	
8		填料螺套	1	1Cr18Ni9Ti	
7		上填料	1	聚四氟乙烯	
6		中填料	1	聚四氟乙烯	
5		下填料	1	1Cr18Ni9Ti	
4		球	1	1Cr18Ni9Ti	
3		阀座	2	聚四氟乙烯	
2		阀体	1	1Cr18Ni9Ti	
1		法兰	1	Q235	
序号	代号	零件名称	数量	材料	备注

18		铭牌25×40	1	LF11	
17	GB/T 867	铆钉φ1×5	4		
16		圆螺母M50×15	1	Q235	
15		阀底座	1	1Cr18Ni9Ti	
14		O形密封圈	1	氟橡胶	
13	GB/T 119	圆柱销A6×12	1		
12		手柄	1	KT30-6	
11	GB/T 921	垫圈10	1		镀锌
序号	代号	零件名称	数量	材料	备注

球阀

比例 | 图号

制图 | 审核

图9.6　球阀装配图

由于装配图主要用来表达部件的功能、工作原理、零件间的装配和连接关系，以及主要零件的结构形状,因此,装配图除一般表达方法外,还有一些规定画法和特殊的表达方法。

9.2.1 装配图的规定画法

(1) 两相邻零件的接触表面,只画一条轮廓线;不接触表面(两零件的基本尺寸不同),不论间隙多小,均应留有间隙画两条线,若间隙很小时,可夸大表示,分别如图 9.6、图 9.7 所示。

(2) 相邻两个(或两个以上)零件的剖面线倾斜方向应相反,或方向一致但间隔不等。但是在同一张图样中,同一零件在各视图上的剖面线方向和间隔必须一致,分别如图 9.6、图 9.7 所示。

(3) 在装配图中,对于紧固件及轴、手柄、连杆、球、钩子、键、销等实心零件,若按纵向剖切,且剖切平面通过其对称平面,则这些零件均按不剖绘制。若需特别表明这些零件上的局部结构,如凹槽、键槽、销孔等,则可用局部剖视表示,分别如图 9.6、图 9.7 所示。

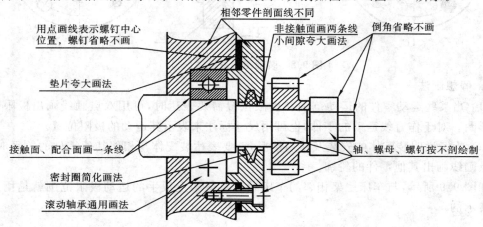

图 9.7 装配图通用画法和规定画法

9.2.2 装配图的特殊画法

1. 沿零件的结合面剖切和拆卸画法

在绘制装配图时,根据需要可沿某些零件的结合面剖切,此时不应在结合面画出剖面线,如图 9.2 中的俯视图和图 9.8 中的 B—B 图。

在绘制装配图时,有时某些可拆零件遮挡了所需表达的结构时,可假想先将这些结构拆去后再投射画图,如图 9.6 所示的左视图,必要时可在视图正上方注明"拆去××"等。

2. 简化画法

(1) 在装配图中,对零件的部分工艺结构,如小圆角、倒角、退刀槽等,可省略不画。

(2) 对于装配图中若干相同的紧固件,可详细地画出一组,其余则以细点画线表示其安装位置,如图 9.7 所示。

(3) 对装配图中的滚动轴承,可以一半画成剖视图,另一半则用粗实线十字表示,如图 9.7 所示。

3. 夸大画法

在装配图中,对薄片零件、细丝弹簧或较小间隙等,允许夸大画出,如图 9.7 中的垫片。

4. 单独表达某个零件的画法

在装配图中,为了突出表达某个重要零件的形状,可以单独画出该零件某个方向的视图,如图 9.8 所示。

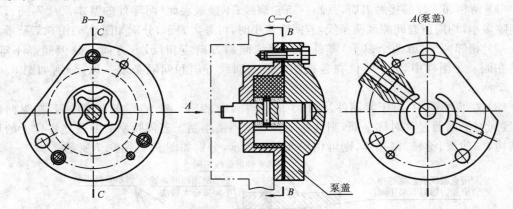

图 9.8　装配图特殊画法(一)

5. 假想画法

(1) 当某些运动零件的运动范围和极限位置需要表达时,可用双点画线画出极限位置的外形图。对于作直线运动的零件,也可用尺寸标注来表示其运动的极限位置。

(2) 为了说明装配体的安装及使用情况,需要表达装配体与相邻其他零件的关系时,可用双点画线画出其他零件的轮廓。

如图 9.9 所示,与车床尾架相邻的车床导轨及尾架上扳手的运动极限范围就是用双点画线表示的。

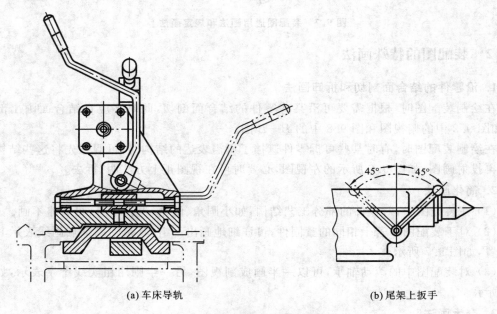

(a) 车床导轨　　　　　　　　　　　(b) 尾架上扳手

图 9.9　装配图特殊画法(二)

9.3　装配图的标注及技术要求

9.3.1　装配图的尺寸标注

装配图中所标注的尺寸,是为了进一步说明部件的性能、工作原理、装配关系和装配时的安装要求。装配图中一般应标注出下列几类尺寸。

1. 规格尺寸

规格尺寸是指产品或部件的性能和规格的重要尺寸,如图 9.2 中的尺寸 $\phi30H7$ 等,是设计和使用的重要参数。

2. 装配尺寸

装配尺寸是指零件之间的配合尺寸及影响其性能的重要相对位置尺寸,如图 9.2 中的尺寸 70H8/f7、50H8/f7 等。

3. 安装尺寸

安装尺寸是指将部件安装到机座上所需要的尺寸,如图 9.2 中的尺寸 140 等。

4. 外形尺寸

外形尺寸是指部件在长、宽、高三个方向上的最大尺寸,如图 9.2 中的尺寸 180、123、60等,外形尺寸为部件的包装和安装所占空间的大小提供数据。

5. 其他重要尺寸

其他重要尺寸是指在设计中经过计算确定或选定的,但又未包括在上述几类尺寸中的重要尺寸,如图 9.2 中的中心高尺寸 50 等。

注意:不是每一张装配图中都有上述几类尺寸,有时某些尺寸兼有几种意义。装配图中的尺寸标注,应根据部件的作用,反映设计者的意图。

9.3.2　装配图的技术要求

在装配图中,用简明文字或符号逐条说明在装配过程中应达到的技术要求,可写在标题栏的上方或左边。技术要求应根据实际需要注写,其内容如下。

1. 装配要求

装配要求包括机器或部件中零件的相对位置、装配方法、装配加工及工作状态等。

2. 检验要求

检验要求包括对机器或部件基本性能的检验方法和测试条件。

3. 使用要求

使用要求包括对机器或部件的使用条件、维修、保养的要求及操作说明等。

4. 其他要求

对不便使用符号或尺寸标注的性能、规格和参数等,也可用文字注写在技术要求中。

9.4 常见装配工艺结构

9.4.1 接触面结构的合理性

为了保证部件的装配质量和便于零件的装、拆,应确定合理的装配结构。常见的接触面的合理结构规定如下。

1. 两零件的接触面

在同一方向应只有一对表面接触,以保证接触良好并降低加工要求,如图 9.10 和图 9.11所示。这样既能保证零件的表面接触良好,又便于加工和装配。

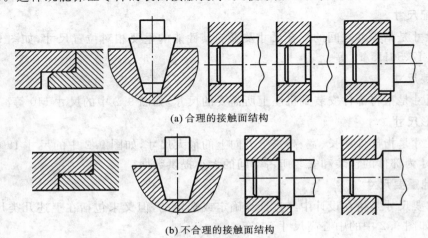

(a) 合理的接触面结构

(b) 不合理的接触面结构

图 9.10 配合面和接触面的合理结构(一)

2. 接触面拐角处的结构

两零件以圆柱面接触时,接触面转折处必须有倒角或圆角、退刀槽,以保证接触良好。如图 9.11 所示,当轴和孔配合时,如果轴肩和孔的端面相互接触,则应在孔的接触端面制成倒角或在轴肩根部切槽。

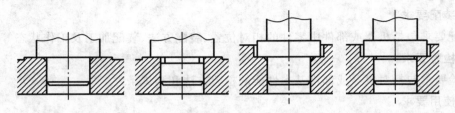

图 9.11 配合面和接触面的合理结构(二)

3. 较大接触面

在装配体中,应尽量合理减少零件之间的接触面积,以减少机加工面积,降低成本和保证接触良好。如图 9.11 所示,对较长的接触平面或圆柱面应制出凸台或沉孔,以区分加工面和非加工面。

9.4.2　常见的可拆连接结构

为了保证两零件能正确装配、拆卸,应留有适当的操作空间。销孔一般应制成通孔,以便拆装和加工,如图 9.12 所示。

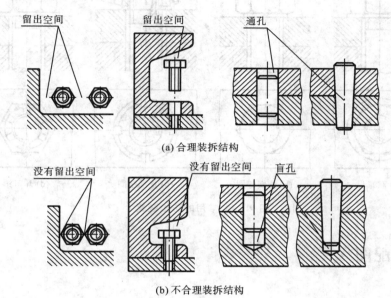

(a) 合理装拆结构

(b)不合理装拆结构

图 9.12　紧固件的装拆结构

9.4.3　常见的密封装置和防松结构

为了防止机器内部的液体或气体向外渗透和防止外面的灰尘等杂物侵入机器内部,应有密封装置和防松结构。密封类型有静密封和动密封。常使用的密封装置(见图 9.13(a)、(b))属于静密封,图 9.13(c)所示属于接触式动密封。

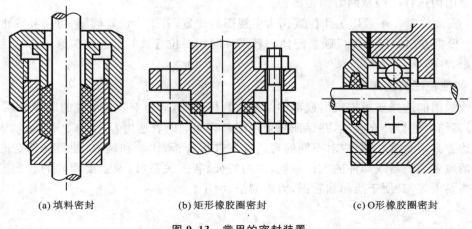

(a) 填料密封　　　　　　(b) 矩形橡胶圈密封　　　　　(c) O形橡胶圈密封

图 9.13　常用的密封装置

紧固件连接常采用防松装置。常用的有：双螺母、弹簧垫圈、止动垫圈、开口销等，如图 9.14 所示。

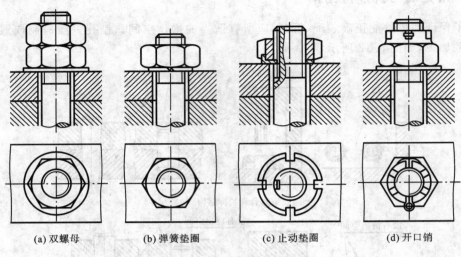

　　　(a) 双螺母　　　　　(b) 弹簧垫圈　　　　　(c) 止动垫圈　　　　　(d) 开口销

图 9.14　常用的防松装置

9.5　画装配图

9.5.1　表达方案的确定

　　设计、测绘机器或部件时都要画出装配图。画图时，首先要了解机器或部件的工作原理、结构特征、装配关系及主要零件的装配工艺和工作性能要求等。选择装配图的表达方案时，首先要确定主视图，然后配合主视图选择其他视图。

　　1. 主视图的选择

　　主视图应最能反映零件间的装配关系和部件的工作原理，并能表达主要零件的结构形状。主视图的选择一般从两方面考虑：

　　(1) 安放位置　一般以工作位置作为主视图的位置，若工作位置倾斜，可将其放正；

　　(2) 投影方向　以最能反映装配体的各零件间相对位置及装配连接关系的方向为主视图的投影方向。

　　2. 其他视图的选择

　　其他视图的选择要根据机器或部件结构的具体情况，对尚未表达清楚的装配关系、工作原理、局部结构进行补充表达，并保证每个视图都有明确的表达内容。

　　表达方案不是唯一的，应对不同的表达方案进行分析、比较和调整，使最终选定的方案既能清楚地表达机器或部件的工作原理、结构特征、装配关系，以及主要零件的装配工艺和工作性能要求等，又便于绘图和看图，力求简洁、明了。

9.5.2 画装配图的步骤

1. 确定比例和图幅

根据所确定的表达方案,选取合适的比例(尽量选取 1∶1 的比例),安排各视图的位置,要注意留出编写零部件序号、明细栏、尺寸标注和技术要求的位置。

2. 画底稿

首先从主视图入手,其他视图配合作图。

(1) 按装配顺序作图,即由里向外逐个画出装配干线上的零件。此时,可以只画零件的主要轮廓线,但要特别注意零件间的定位、装配连接及表面关系。

(2) 绘制零件较详细的结构和装配支线上零件的结构。注意各零件因位置关系而产生的相互遮挡问题。

下面以手压阀装配图的绘制为例进行介绍。其表达方案为主视图、左视图和俯视图,比例选择 1∶2,图纸幅面为 A3。画底稿时,先画出各视图的对称中心线和主要基准线,同时画出标题栏和明细栏的位置,如图 9.15(a)所示;再画出主体零件或重要零件的轮廓形状,同时画出三视图,如图 9.15(b)所示。

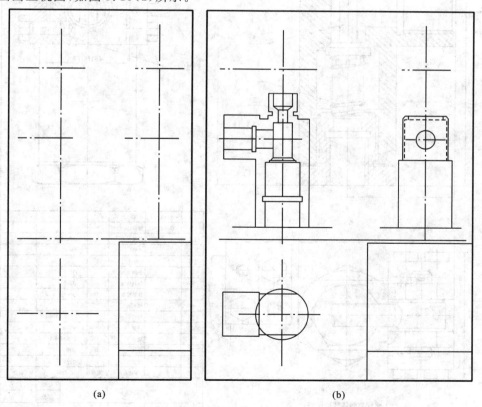

(a)   (b)

图 9.15 手压阀装配图的绘图步骤

先按装配主线逐步添加阀杆、弹簧座、填料压盖等零件,以及绘制装配支线上零件的外形结构;然后绘制零件较详细的结构,边画边擦去被遮挡线条。

3. 检查、标注尺寸和编序号

完成视图的底稿后,仔细核对检查无误,擦去辅助线,绘制剖面线,标注尺寸和编写序号。

4. 填写技术要求、明细栏,检查加深

进一步检查、修改,填写技术要求、明细栏和标题栏,最后描深,如图 9.16 所示。

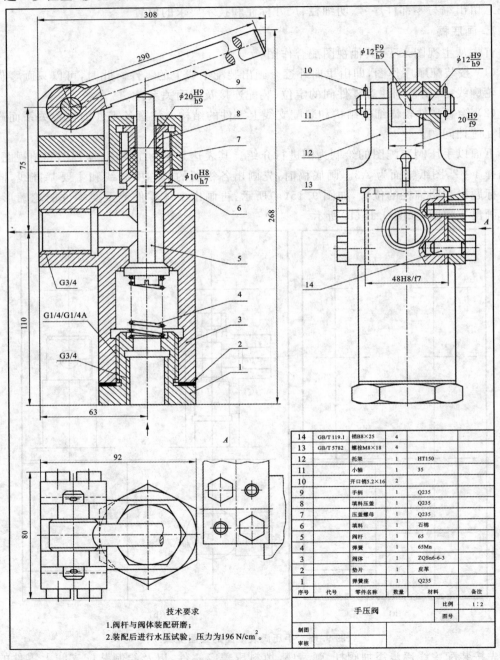

14	GB/T 119.1	销B8×25	4		
13	GB/T 5782	螺栓M8×18	4		
12		托架	1	HT150	
11		小轴	1	35	
10		开口销5.2×16	2		
9		手柄	1	Q235	
8		填料压盖	1	Q235	
7		压盖螺母	1	Q235	
6		填料	1	石棉	
5		阀杆	1	65	
4		弹簧	1	65Mn	
3		阀体	1	ZQSn6-6-3	
2		垫片	1	皮革	
1		弹簧座	1	Q235	
序号	代号	零件名称	数量	材料	备注

技术要求

1.阀杆与阀体装配研磨;

2.装配后进行水压试验,压力为196 N/cm²。

		手压阀		比例	1:2
				图号	
制图					
审核					

图 9.16　手压阀的装配图

9.6 读装配图

9.6.1 读图目的

在机器(部件)的装配、使用、维修和技术交流时都需要读装配图,因此阅读装配图是从事工程技术或管理工作必备的能力。读装配图的目的:

(1) 了解机器(部件)的性能、功能和工作原理;

(2) 明确机器(部件)的结构,包括机器(部件)是由哪些零件组成,各零件如何定位、固定,零件间的装配关系;

(3) 明确各零件的结构形状和作用,以及拆、装顺序和方法。

9.6.2 读图方法和步骤

下面以图 9.17 所示的齿轮油泵的装配图为例介绍读图步骤。

1. 概括了解

参考、查阅有关资料及其使用说明书,从中了解机器或部件的性能、作用和工作原理。

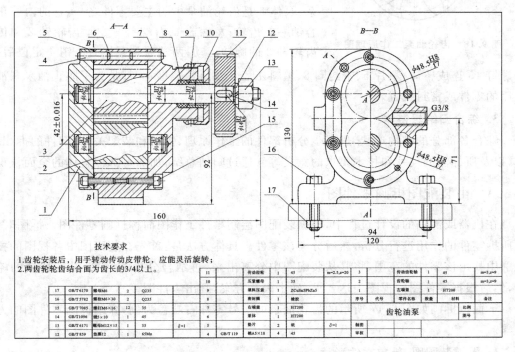

图 9.17 齿轮油泵装配图

从标题栏和明细栏中了解零件的名称、数量、材料等。并找出它们在装配图中的位置,初步了解各零件的作用。大致浏览一下装配图采用了哪些表达方法,各视图配置及其相互间的投影关系、尺寸注法、技术要求等内容。

从图 9.17 所示的装配图中可知,齿轮油泵共由 17 种零件装配而成,并采用了两个视图表达。其中主视图为全剖视图,主要表达了齿轮油泵中各个零件间的装配关系。左视图是采用沿左端盖 1 和泵体 6 结合面 *B—B* 的位置剖切后移去了垫片 5 的半剖视图,主要表达了该油泵齿轮的啮合情况、吸油和压油的工作原理,以及油泵的外形情况。

2. 分析装配干线,看懂各零件的装配关系,了解工作原理

看图应从反映装配关系比较明显的视图入手,再配合其他视图。首先分析装配干线,其次分离零件,看懂零件形状,再分析零件在部件中的运动情况,零件之间的配合要求、定位和连接方式等,从而了解机器或部件的工作原理。

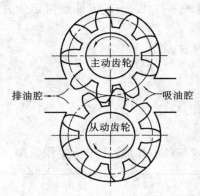

图 9.18 齿轮油泵工作原理图

齿轮油泵是机器中用于输送润滑油的一个部件。其工作原理如图 9.18 所示,当主动轮按逆时针方向旋转时,带动从动轮顺时针旋转。啮合区内右边的压力降低而产生局部真空,油池中的油在大气压力的作用下,由进油孔进入油泵的吸油口(低压区),随着齿轮的传动,齿轮中的油不断沿箭头方向被带至左边的压油口(高压区)把油压出,送至机器中需要润滑的部位。

图 9.17 中主视图较完整地表达了零件间的装配关系:泵体 6 是齿轮油泵中的主要零件之一,它的内腔正好容纳一对齿轮;左端盖 1、右端盖 7 支承齿轮轴 2 和传动齿轮轴 3 的旋转运动;两端盖与泵体先由销 4 定位后,再由螺钉 15 连成整体;垫片 5、密封圈 8、填料压盖 9 及压紧螺母 10 都是为了防止油泵漏油所采用的零件或密封装置。

3. 综合归纳想整体

综合各部分的结构形状,进一步分析部件的工作原理、传动和装配关系,部件的拆、装顺序,以及所标注的尺寸和技术要求的意义等。通过归纳总结,加深对部件整体的全面认识。

9.6.3 由装配图拆画零件图

在机器或部件的设计过程中,根据装配图绘制零件工作图简称拆画零件图。拆图时,应对所拆零件的作用进行分析,然后分离该零件。具体方法是:首先在装配图中各视图的投影轮廓中找出该零件的范围,将其从装配图中分离出来,再结合分析的结果,补齐所缺的轮廓线,然后根据零件图的视图表达要求,确定表达方案,画出零件图。

下面以拆画如图 9.17 所示的齿轮油泵的 7 号零件右端盖为例,介绍拆画零件图的方法步骤。

1. 看懂装配图,想象零件形状

在拆画零件图之前,必须认真阅读装配图,了解设计者的设计意图,分析清楚零件之间的装配关系、技术要求及每个零件的主要结构形状。

从装配图中分离右端盖的线条,并补齐被遮挡的线条,想象右端盖的形状,如图 9.19 (a)所示。

2. 确定零件图的表达方案

零件在装配图中的位置是由装配关系确定的,不一定符合零件的表达要求。在拆画零件图时,应根据零件图视图的选择原则,重新选择合适的表达方案。泵盖属盘类零件,主视图采用工作位置原则,并用主视图和右视图共同表达。主视图采用全剖以表达内部孔的结构,如图 9.19(b)所示。

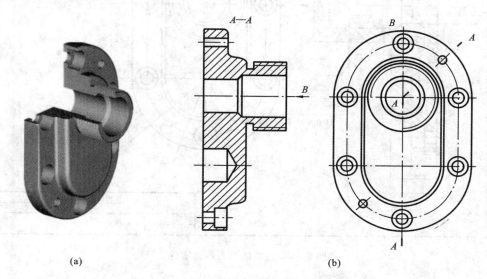

| (a) | (b) |

图 9.19 齿轮油泵右端盖的形状和表达方案

3. 补全零件的局部结构形状

在装配图中,零件的细小工艺结构,如倒角、倒圆、退刀槽等往往被省略。拆画零件图时,这些结构必须补全,并加以标准化。被遮挡的轮廓线和投影线,也应在零件图中补充完整。

4. 标注零件图尺寸

在装配图中所标注的尺寸只是必要的尺寸,而在零件图中则需要完整、正确、清晰、合理地标注零件各组成部分的全部尺寸。因此在拆画零件图标注尺寸时,应按照下列步骤进行:

(1) 抄　凡装配图上已注出的有关该零件的尺寸,应直接抄在零件图上;

(2) 查　装配图中标出的配合尺寸,需查标准后注出尺寸的上、下偏差;

(3) 算　有时需根据装配图中给出的参数计算出有关尺寸,如齿轮的分度圆直径、齿顶圆直径等;

(4) 量　对装配图中没有标注的零件的其他尺寸,可直接在装配图中量取,并按比例进行换算、圆整后标出。

5. 确定技术要求

零件的技术要求,应根据零件的作用和装配要求来确定。有时也可以根据零件的加工工艺,查阅有关设计手册,或参考同类型产品加以比较来确定。

右端盖的零件图如图 9.20 所示。

拆画零件图是一种综合能力训练,它不仅需要具有看懂装配图的能力,而且还应具备有关的专业知识,需要在今后的应用过程中不断积累提高。

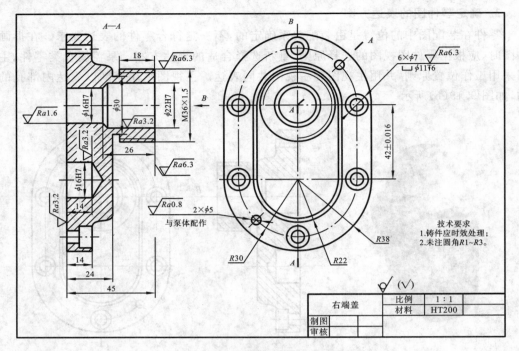

图 9.20　齿轮油泵右端盖零件图

第 10 章　其他工程图样

10.1　表面展开图

在工业生产中,经常见到一些零部件或设备由板材制成,如铁路罐车的车体、通风管道、化工容器、烟囱、漏斗等。制造这些产品时,需首先按产品的实际形状和大小画出其表面展开图(称为放样),然后下料、成形,最后在接口处用咬缝或焊接连接而成。

把立体的表面按其实际形状依次摊平在同一个平面上,称为立体表面的展开,展开后的图形称为展开图。图 10.1 所示为圆锥管的投影图、锥管的展开及展开图。绘制立体表面的展开图,就是运用图解法或计算结合的方法画出立体表面摊平后的图形。

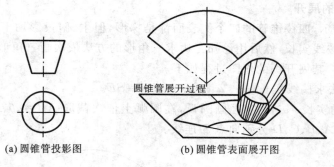

圆锥管展开过程

(a) 圆锥管投影图　　　　(b) 圆锥管表面展开图

图 10.1　表面展开原理

立体表面分为可展表面与不可展表面两种。平面立体的表面是平面,属可展表面。曲面立体中若任意相邻两条素线相互平行或相交,则该曲面为可展曲面,如圆柱、圆锥;由曲线运动所产生的曲面如圆球、圆环等都是不可展曲面。在生产实际中,常采用近似展开的方法绘制不可展曲面的展开图。为了讨论方便,本节薄板制件若无特殊说明,均不考虑板厚。

可展表面展开图的基本作图方法有平行线法和三角形法两种。

(1) 平行线法　根据两平行线确定一平面,将立体表面以相邻平行线为基础构成的平面图形依次逐个展开,得到展开图,该方法多用于柱面展开。

(2) 三角形法　根据三角形确定一平面,将立体表面分成若干个三角形,并依次逐个展开得到展开图的方法,该方法多用于锥面展开。

10.1.1　平面立体的表面展开

求平面立体表面展开的实质,就是求出立体表面所有多边形的实形,并逐个将实形依次排在同一平面上。

1. 棱柱表面的展开

如图 10.2 所示的斜口直四棱柱管,由主、左视图可知,四棱柱的前后表面在主视图反映实形,左右表面在左视图反映实形,其展开图的作图过程如下。

(1) 根据主、左视图反映的实长,将底边依次展开成一条水平直线,标注 A、B、C、D、A。

(2) 过这些点作铅垂线,并在线上量取棱线实长,得到端点 E、M、N、F、E。

(3) 根据实长和平行关系求点 G、H,依次连接各端点,加深,完成棱柱管表面展开图。

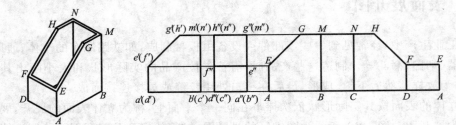

图 10.2 斜口直四棱柱管的展开

2. 棱锥表面的展开

如图 10.3 所示,四棱锥管的四个侧表面都是梯形,但主、俯投影均不反映实形,所以必须先求出四棱锥棱线实长,然后用已知三边求三角形的方法依次画三角形,从而求出四棱锥管的表面展开图。其展开图的作图过程如下。

(1) 用旋转法求棱线实长,则 $s'a_1' = SA$;$s'e_1' = SE$。

(2) 以 SA 的实长 $s'a_1'$ 为半径画圆弧,在圆弧上依次截取 $AB = ab$、$BC = bc$、$CD = cd$、$DA = da$,并过点 A、B、C、D 分别向点 S 连线。

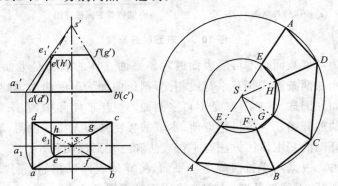

图 10.3 四棱锥管的展开

(3) 再以 SE 的实长 $s'e_1'$ 为半径画圆弧,在圆弧上依次截取圆弧和棱线的交点,得到点 E、F、G、H。

(4) 依次连接各点并加深,完成展开图。

10.1.2 回转立体的表面展开

曲面立体的表面分可展表面和不可展表面两种。

1. 可展曲面的表面展开

1) 圆柱面的展开

例 10.1　圆柱管的展开。

如图 10.4 所示,圆柱管展开为一矩形,矩形高度为圆柱管高 H,长度为圆柱管底圆直径 πD。

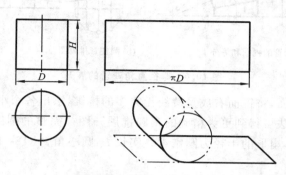

图 10.4　圆柱管的展开

例 10.2　斜口圆柱管的展开。

如图 10.5 所示,其作图方法与平口圆柱管的基本相同,步骤如下。

(1) 把底圆周分成若干等分(如 12 等分),并作出相应素线的正面投影。

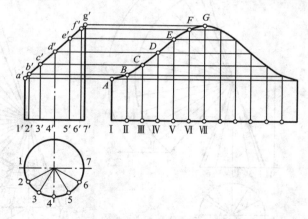

图 10.5　斜口圆柱管的展开

(2) 把底圆周展开为一直线,长度为 πD,将直线与底圆作相同的等分,再过等分点作垂直于直线的素线,对应视图取相应素线高度,光滑连接各点即完成展开图的绘制。

例 10.3　等径直角弯管的展开。

如图 10.6(a) 所示的直角弯管按角度 a 等分后,可近似看作由几段斜口圆柱构成。在实际应用中,为使接口准确、节省材料,一般将弯管的各节排列成一个圆柱管,如图 10.6(b) 所示;然后按圆柱面展开,如图 10.6(c) 所示。

2) 圆锥面的展开

锥面的素线均相交于锥顶,因此,锥面的展开方法与棱锥相同,即自锥顶引素线,将锥面

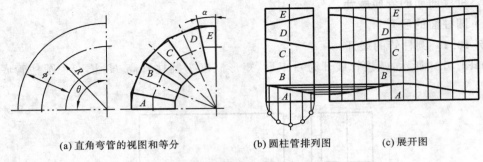

(a) 直角弯管的视图和等分 (b) 圆柱管排列图 (c) 展开图

图 10.6 等径直角弯管的展开

分成若干小三角形平面,将锥面看成是棱线无穷多的棱锥,求出各个小三角形的实形。

用图算结合的方法可得到更为精确的正圆锥展开图。完整的圆锥面展开为一扇形,应用计算法画展开图时,扇形的半径为圆锥素线实长 L,圆心角 $\alpha = 180°D/L$,弧长为 πD,如图 10.7(b)所示。

例 10.4 斜口圆锥管的展开。

如图 10.7(a)所示的斜口圆锥管,先按计算法画出完整圆锥面的展开图,如图 10.7(b)所示,再截去上面延伸的部分,即为斜口圆锥展开图。

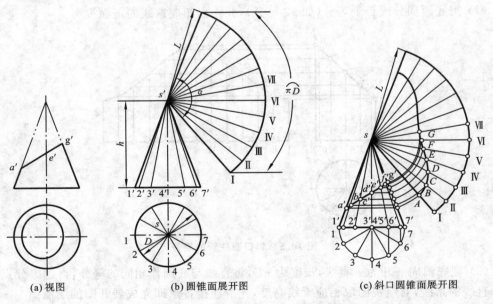

(a) 视图 (b) 圆锥面展开图 (c) 斜口圆锥面展开图

图 10.7 等径直角弯管的展开

3) 上圆下方变形接头的展开

如图 10.8(a)所示上圆下方的变形管接头,它的表面由四个全等的等腰三角形和四个相同的局部斜圆锥组成。变形接头的上口部和下口部在水平投影反映实形和实长,等腰三角形的腰和局部斜圆锥的素线投影均不反映实长,必须先求出它们的实长,才能画出展开图,作图步骤如下。

（1）将 A 处上口四分之一圆三等分，并与下口相应锥顶 A 连线，得锥面上四条素线的投影，用旋转法求素线实长，$A\,I = A\,IV = a'4_1'$，$A\,II = A\,III = a'3_1'$，如图 10.8(b)所示。

（2）以后面等腰三角形的中垂线为接缝展开，则展开图形相对于前面等腰三角形的高对称。首先作水平线 AB，以 $A\,I$、$B\,I$ 为两腰作三角形 $AB\,I$。

（3）以点 A 为圆心，$A\,II$ 为半径画弧，以点 I 为圆心，$I\,II$ 弦长为半径画弧，交点为点 II，用同样原理求作点 III、IV，将点 I、II、III、IV 光滑连线，完成一个等腰三角形和一个部分斜圆锥的展开图。

（4）用同样方法继续完成两侧作图，即完成变形接头的展开图，如图 10.8(c)所示。

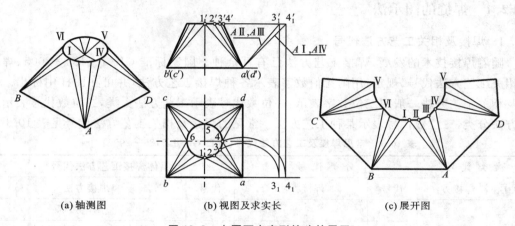

(a) 轴测图　　　　(b) 视图及求实长　　　　(c) 展开图

图 10.8　上圆下方变形接头的展开

2. 不可展曲面的近似展开

环面、球面等曲纹面、扭曲面及不规则曲面由于其相邻两素线为交叉两直线或曲线，不能构成一个小平面，故为不可展曲面。不可展曲面需要展开时，只能近似展开。

不可展曲面近似展开的常用方法有三角形法、柱(锥)面法。一般是把不可展曲面划分成若干小块，并用与其接近的较小的可展曲面(如圆柱面或圆锥面等)代替，求出各块实形，并依次拼合出展开图。

本节不介绍不可展曲面的展开。

10.2　焊接图

焊接是利用电弧或火焰，在零件的连接处局部加热熔化，或者加热加压熔化(用或不用填充材料)，使被连接件熔合而连接在一起的加工工艺。焊接是一种不可拆连接。由于它具有施工简单、密封性好、连接可靠、结构重量轻等优点，所以在生产上应用广泛，大多数板材制品和工程结构件都采用焊接的方法来连接。

根据被焊零件在空间的相互位置，焊接的接头形式有对接接头、T 形接头、角接接头、搭接接头四种，如图 10.9 所示。焊接时形成的连接两个被连接体的接缝称为焊缝，在工程图样中，焊缝要遵守国家标准 GB/T 324—2008、GB/T 12212—1990，采用规定的画法和标注来表达。

 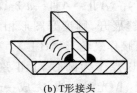 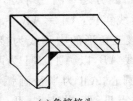 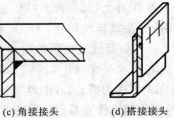

(a) 对接接头　　　　　(b) T形接头　　　　(c) 角接接头　　　(d) 搭接接头

图 10.9　焊接接头形式

10.2.1　焊缝的图示法

1. 焊接及相关工艺方法代号

随着焊接技术的发展,焊接工艺方法已有百余种。国家标准 GB/T 5185—2005《焊接及相关工艺方法代号》规定,用阿拉伯数字表示各种焊接工艺方法,并可在图样中标出。焊接及相关工艺方法一般用三位数字表示:一位数代号表示工艺方法大类,二位数代号表示工艺方法分类,三位数代号表示某种工艺方法。常见的焊接及相关工艺方法代号见表 10.1。

表 10.1　常见焊接及工艺方法代号(摘自 GB/T 5185—2005)

大 类 代 号		分 类 代 号		具体焊接工艺方法代号	
代号	焊接方法	代号	焊接方法	代号	焊接方法
1	电弧焊	11	天然气体保护的电弧焊	101	金属电弧焊
				111	焊条电弧焊
				112	重力焊
		12	埋弧焊	121	单丝埋弧焊
				122	带极埋弧焊
				123	多丝埋弧焊
		13	熔化极气体保护的电弧焊	131	熔化极惰性气体保护电弧焊
				135	熔化极非惰性气体保护电弧焊
		15	等离子弧焊	151	等离子 MIG 焊
				152	等离子粉末堆焊
2	电阻焊	21	点焊	211	单面点焊
				212	双面点焊
		22	缝焊	221	搭接缝焊
				222	压平缝焊
3	气焊	31	氧燃气焊	311	氧乙炔焊
				312	氧丙烷焊
4	压力焊	41	超声波焊		
		42	摩擦焊		
		44	高机械能焊	441	爆炸焊

2. 焊缝的规定画法

国家标准 GB/T 12212—1990《技术制图　焊缝符号的尺寸、比例及简化表示法》规定，在图样中一般用焊缝符号表示焊缝，也可用图示法表示焊缝。焊缝的规定画法如下。

（1）在垂直于焊缝的剖视图或断面图中，焊缝的金属熔焊区应涂黑表示，如图 10.10 所示。

（2）在平行于焊缝的视图中，可用栅线表示焊缝（栅线段为细实线，允许徒手绘制），分别如图 10.10(a)、(b)、(c) 所示。也可用加粗线（$2b \sim 3b$，b 为粗线宽）表示可见焊缝，如图 10.10(d) 所示。但在同一图样中只允许采用一种画法。

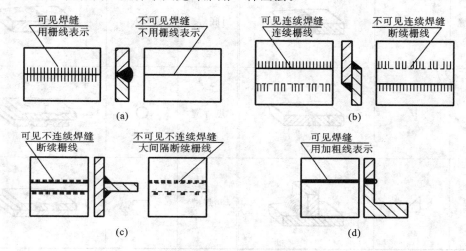

图 10.10　焊缝的规定画法

3. 焊缝符号表示法

在能清楚地表达焊缝技术要求的前提下，一般在图样中常用焊缝符号直接标注在视图的轮廓线上来表达焊缝。国家标准 GB/T 324—2008《技术制图　焊缝符号表示法》规定，焊缝符号一般由基本符号与指引线组成。必要时可以加上辅助符号，补充符号和焊缝尺寸符号，如图 10.11 所示。

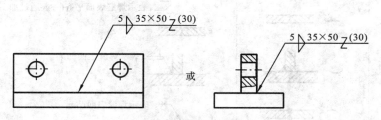

图 10.11　焊缝的符号表示法

1）焊缝基本符号

基本符号是表示焊缝横截面形状的符号，用粗实线绘制。常见焊缝的基本符号见表 10.2。

表 10.2　常见焊缝基本符号

名　称	图形符号	示　意　图	名　称	图形符号	示　意　图
I 形焊缝	‖		钝边 U 形焊缝	∪	
V 形焊缝	∨		封底焊缝	⌣	
单边 V 形焊缝	V		点焊缝	○	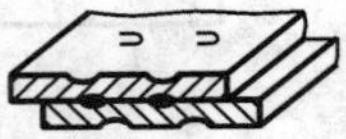
角焊缝	◺		塞焊缝	⊐	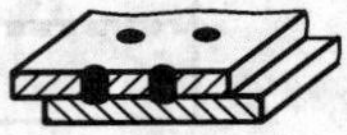

2) 焊缝的辅助符号

　　辅助符号是表示焊缝表面形状特征的符号,用粗实线绘制。焊缝的辅助符号如表10.3所示,不需要确切说明焊缝的表面形状时,可以不用辅助符号。

表 10.3　焊缝的辅助符号

名　称	符号及形式	标 注 示 例
平面符号	 —	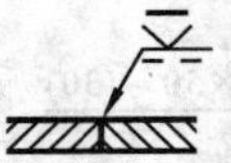 表示焊缝表面平齐(一般通过加工)
凹面符号	 ⌣	 表示焊缝表面凹陷
凸面符号	 ⌢	 表示焊缝表面凸起

3) 焊缝的补充符号

　　焊缝的补充符号是补充说明焊缝的某些特征而采用的符号,用粗实线绘制(尾部符号用细实线)焊缝的补充符号如图 10.12 所示。补充符号标注示例如图 10.13 所示。

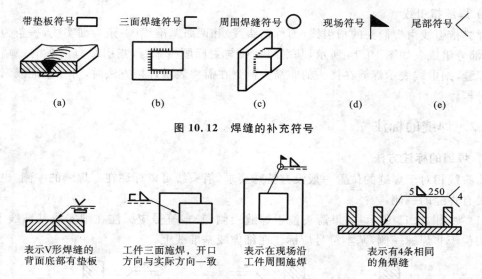

图 10.12 焊缝的补充符号

表示V形焊缝的　　　工件三面施焊，开口　　表示在现场沿　　　表示有4条相同
背面底部有垫板　　　方向与实际方向一致　工件周围施焊　　　的角焊缝

图 10.13 焊缝的补充符号标注示例

4) 焊缝的尺寸符号

　　焊缝尺寸符号是用字母表示对焊缝的尺寸要求，在需要注明焊缝尺寸时才标注，焊缝尺寸字母的含义见表 10.4，字母标注的位置如图 10.14 所示。

表 10.4 常见焊缝基本符号

名　称	符号	示意图及标注	名　称	符号	示意图及标注
工件厚度	δ	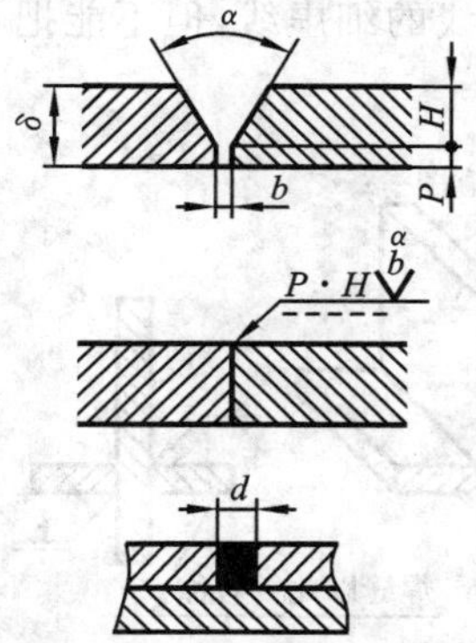	焊缝段数	n	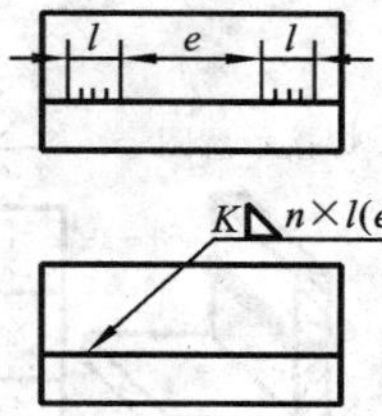
坡口角度	α		焊缝间距	e	
根部间隙	b		焊缝长度	l	
根部间隙	p		焊角尺寸	K	
坡口深度	H		相同焊缝数量符号	n	
熔核直径	d				

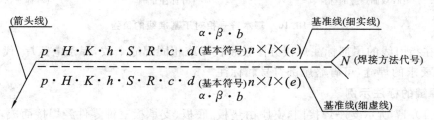

图 10.14 焊缝标注指引线

5）焊缝指引线

焊缝指引线由带箭头的指引线（简称箭头线）和两条基准线（一条为细实线,一条为细虚线）两部分组成。如图 10.14 所示,基准线一般与主标题栏平行,指引线有箭头的一端指向有关焊缝,细虚线表示焊缝在接头的非箭头侧。在需要表示焊接方法时,可在基准线末端加尾部符号。

10.2.2 焊缝的标注

1. 焊缝的标注方法

箭头线相对于焊缝的位置一般没有特殊要求,箭头线可以标注在有焊缝的一侧,也可标注在没有焊缝的一侧。

（1）如图 10.15 所示,如果箭头位于焊缝一侧,基本符号应标注在细实线基准线上;如果箭头位于非焊缝一侧,基本符号应标注在细虚线基准线上。

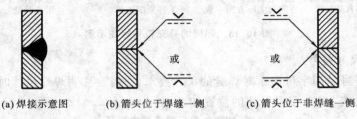

(a) 焊接示意图　　　(b) 箭头位于焊缝一侧　　　(c) 箭头位于非焊缝一侧

图 10.15　基本符号相对于基准线的位置

（2）如图 10.16(a)所示,标注双面焊缝时,可以省略基准线的细虚线。分别如图 10.16(b)、(c)所示,标注对称焊缝时,可以省略基准线的细虚线,但不能把不同板的两道焊缝作为对称焊缝。

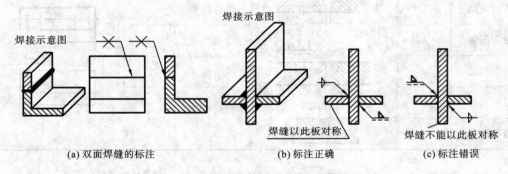

(a) 双面焊缝的标注　　　(b) 标注正确　　　(c) 标注错误

图 10.16　基本符号相对于基准线的位置

（3）在指引线的尾部标注焊接方法数字代号或相同焊缝个数,焊条电弧焊（代号 111）或没有特殊要求的焊缝,可省略尾部符号和标注。

2. 焊缝的标注示例

如图 10.17 所示支座焊接图,支座由垫板、底板、支承板三种零件经焊接而成,它们之间的焊接关系如下。

（1）件 1 的弧面与其他设备外形弧面贴合,采用现场焊接,四周全部焊接,是焊角高度尺寸为 8 mm 的角焊缝。

　　（2）件 2 和件 1 之间采用四周全部焊接，是焊角高度尺寸为 8 mm 的角焊缝。

　　（3）件 2 和件 3 之间采用双面角焊缝，焊角高度尺寸为 6 mm。

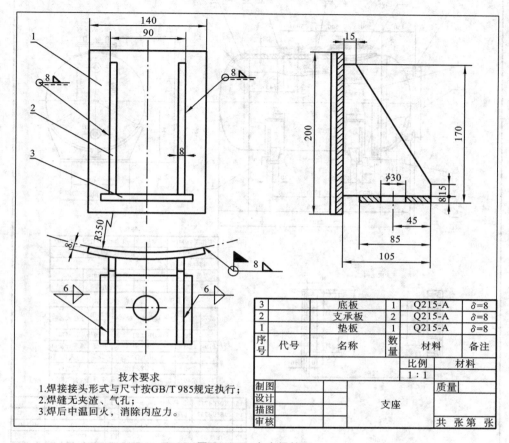

3		底板	1	Q215-A	$\delta=8$
2		支承板	2	Q215-A	$\delta=8$
1		垫板	1	Q215-A	$\delta=8$
序号	代号	名称	数量	材料	备注

技术要求
1.焊接接头形式与尺寸按GB/T 985规定执行；
2.焊缝无夹渣、气孔；
3.焊后中温回火，消除内应力。

图 10.17　支座焊接图

10.3　化工制图

　　化工图样分为两种类型：化工设备图和化工工艺图。

10.3.1　化工设备图

　　化工设备有动设备和静设备两类。动设备通常指化工机器，如压缩机、鼓风机等，其图样属通用机械的表达范畴，本节不予介绍；静设备一般指贮罐、换热器、塔等，是用于化工生产单元操作（如合成、分离、过滤、吸收、澄清等）的装置和设备，一般化工设备是指静设备。

　　表示化工设备结构形状、技术特性、各零部件之间的装配关系，以及必要的尺寸和制造、检验等技术要求的图样称为化工设备装配图，简称化工设备图。

　　如图 10.18 所示贮罐装配图，完整的化工设备图包含一组视图、必要的尺寸、管口表、技术特性表和技术要求、明细栏、标题栏等内容。

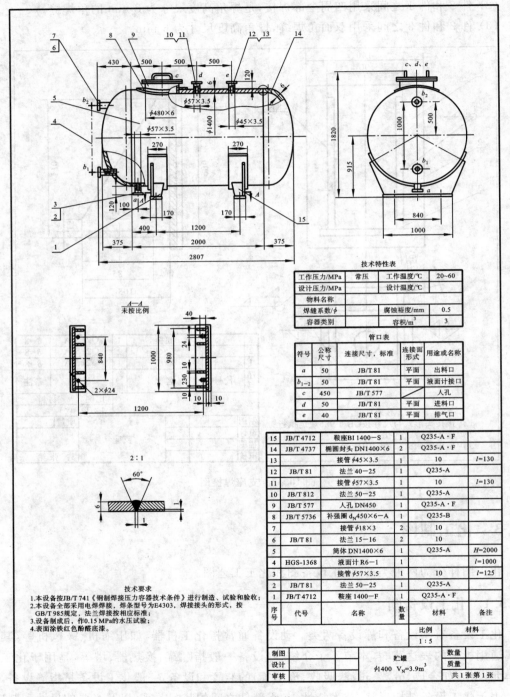

技术特性表

工作压力/MPa	常压	工作温度/℃	20~60
设计压力/MPa		设计温度/℃	
物料名称			
焊罐系数/ϕ		腐蚀裕度/mm	0.5
容器类别		容积/m^3	3

管口表

符号	公称尺寸	连接尺寸、标准	连接面形式	用途或名称
a	50	JB/T 81	平面	出料口
b_{1-2}	50	JB/T 81	平面	液面计接口
c	450	JB/T 577		人孔
d	50	JB/T 81	平面	进料口
e	40	JB/T 81	平面	排气口

15	JB/T 4712	鞍座BI 1400-S	1	Q235-A·F	
14	JB/T 4737	椭圆封头 DN1400×6	1	Q235-A·F	
13		接管ϕ45×3.5	1	10	l=130
12	JB/T 81	法兰 40-25	1	Q235-A	
11		接管ϕ57×3.5	1	10	l=130
10	JB/T 812	法兰 50-25	1	Q235-A	
9	JB/T 577	人孔 DN450	1	Q235-A·F	
8	JB/T 5736	补强圈 d_N450×6-A	1	Q235-B	
7		接管ϕ18×3	2	10	
6	JB/T 81	法兰 15-16	2	10	
5		筒体 DN1400×6	1	Q235-A	H=2000
4	HGS-1368	液面计 R6-1	1		l=1000
3		接管ϕ57×3.5	1	10	l=125
2	JB/T 81	法兰 50-25	1	Q235-A	
1	JB/T 4712	鞍座 1400-F	1	Q235-A·F	
序号	代号	名称	数量	材料	备注

制图		贮罐	数量	
设计		ϕ1400 V_N=3.9m^3	质量	
审核			共1张 第1张	

比例 1:5　材料

技术要求

1. 本设备按JB/T 741《钢制焊接压力容器技术条件》进行制造、试验和验收；
2. 本设备全部采用电焊焊接，焊条型号为E4303，焊接接头的形式，按GB/T 985规定，法兰焊接按相应标准；
3. 设备制成后，作0.15 MPa的水压试验；
4. 表面涂铁红色酚醛底漆。

图 10.18 贮罐装配图

1. 化工设备的表达方法

如图 10.19 所示,典型的化工设备有贮罐、反应釜、换热器、塔等。它们的结构特点是:主体以回转体为主,开孔和管口多,各部分尺寸相差悬殊,大量采用标准化、系列化的零、部件,防泄漏结构要求高。

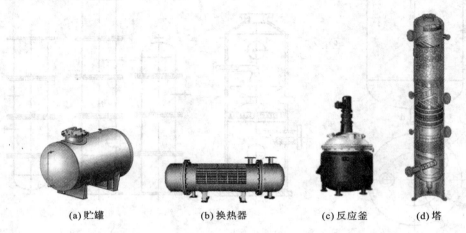

| (a) 贮罐 | (b) 换热器 | (c) 反应釜 | (d) 塔 |

图 10.19 常见化工设备

化工设备图的绘制和机械制图有很多相似之处,如视图选择、常用表达方法、装配体的规定画法等。但由于它们结构的特殊性,又有与机械制图不同的内容和要求,如夸大画法、多次旋转等特殊表达法,以及各种表格等。化工设备图样的画法应符合 GB/T 4458.1—2002《机械制图 图样画法 视图》的规定,并遵循 HG/T 20668—2000《化工设备设计文件编制规定》。

1) 基本视图的选择与配置

化工设备的基本视图通常采用两个基本视图,主视图一般按设备的工作位置,并采用剖视或局部剖视表达其内部结构。

2) 化工设备的特殊表达法

化工设备是由各种零、部件组成的,所以零件的各种表达方法如视图、剖视、断面图、其他表达法和装配体的规定画法、简化画法,对化工装配图同样适用。化工装配图特殊的表达方法主要表现在以下几个方面。

(1) 多次旋转的表达方法 假想将设备周围分布的接管及其附件,分别旋转到与主视图所在投影面平行的位置,然后进行投射的表达方法。如图 10.20 所示,人孔 b 是按逆时针旋转 45°后在主视图画出的,液面计 a4、a2、a3、a1 是按顺时针分别旋转 30°、60°之后在主视图画出的。注意,多次旋转不能出现重叠现象,如无法避免则需要用其他的剖视来表达。

(2) 局部结构的表达方法 对于设备的壁厚、垫片、挡板、折流板等,在绘图比例很小时,可不按比例夸大画出其厚度,如图 10.18 中壳体的壁厚。

(3) 断开和分层表达 如图 10.21(a) 所示,对于过高、过长的化工设备,沿轴线方向较长部分结构相同或按规律变化,可用双点画线将相同结构断开表达,使图形缩短,简化作图。如图 10.21(b) 所示,对于较高的塔,在不适于断开画法时,可把整个塔体分成若干段(层),

方便布图和选择比例。

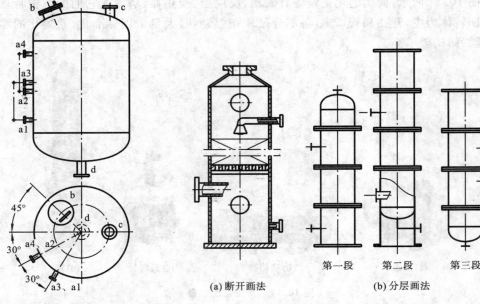

图 10.20　多次旋转　　　　　　　　图 10.21　断开和分层表达法

（4）管口方位的表达法　化工设备壳体上众多的管口和附件的方位必须在图样中表达清楚，在管口方位图中一般用细点画线表示管口的轴线及中心位置，用粗实线示意画出设备管口，在主视图和方位图上标明相同的小写拉丁字母。

3）化工设备的简化画法

（1）标准零部件或外购零部件的简化画法　标准零部件结构已标准化，绘图时可按比例画出反映其外形的简图，不必详细绘制，但在明细栏中要注明名称、规格、标准号等。外购零部件绘图时也是按比例用粗实线画出其外形的简图，并在明细栏中要注明名称、规格、主要性能参数、"外购"字样等。

（2）重复结构的简化画法主要有以下几种。

螺栓孔可以省略圆孔的投影，用中心线和轴线表示；装配图中螺栓连接可用"×"（粗实线）表示，如图 10.22（a）所示，如图 10.22（b）所示。

同种规格、同一材料的填充物，在装配图中可以用相交的细实线表示，同时注写有关尺寸规格和堆放方法，如图 10.22（c）所示。

当设备中的管子按一定规律排列或成束时，在装配图中至少画出一根或几根管子，其他用细点画线表示，如图 10.22（g）所示。

当多孔板的孔径相同且按一定角度规律排列时，用粗实线表示钻孔的范围，用细实线按一定角度交错来表示孔的中心位置，并画出几个孔，注明孔数和孔径。若多孔板用剖视表达，只需画出孔的中心线，如图 10.22（d）所示。

（3）管法兰的简化画法　各种连接面的管法兰都可采用同样的简化画法，但在明细栏或管口表中要说明法兰的规格、密封面形式，如图 10.22（e）所示。

（4）液面计的简化画法　在装配图中,带有两个接管的玻璃管液面计,可用细点画线和符号"＋"(粗实线)示意性的简化表示,如图 10.22(f)所示。

（5）设备结构用单线表示的简化画法　设备上的某些结构,在已有的零部件图上已表达清楚时,允许用单线表示,如图 10.22(g)所示。

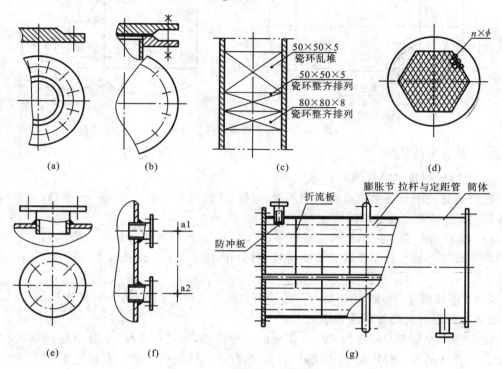

图 10.22　化工设备的简化画法

2. 化工设备的尺寸标注

化工设备的尺寸标注应遵循机械制图中装配图的尺寸标注规定。化工设备的尺寸主要反应设备的大小、规格、零部件之间的装配关系及设备的定位安装,与机械装配图比较,化工设备装配图尺寸数量稍多,尺寸精度要求不是很高,并允许注成封闭的尺寸链。

（1）化工设备的常用尺寸基准　化工设备的常用基准有设备筒体和封头的中心线、设备筒体和封头之间的环焊缝、设备法兰的密封面和设备支座的底面等,如图 10.23 所示。

（2）化工设备的尺寸种类　化工设备一般包括以下几类尺寸。

① 规格性能尺寸　是指反映设备的规格、性能、特征及生产能力的尺寸。如图 10.18 中容器内径 $\phi1\,400$ 和长度 $2\,000$。

② 装配尺寸　是指反映零部件之间的相对位置尺寸。如图 10.18 中接管的定位尺寸 430、500。

③ 总体尺寸　是指设备总长、总宽、总高尺寸。如图 10.18 中总长尺寸 2807。

④ 安装尺寸　是指化工设备安装在基础或其他构件上所需要的尺寸。如图 10.18 中地脚螺栓孔的相对位置尺寸 840、1200。

⑤ 其他重要尺寸　是指设备零部件的规格尺寸、设计计算尺寸(如壁厚尺寸 6)、焊缝的

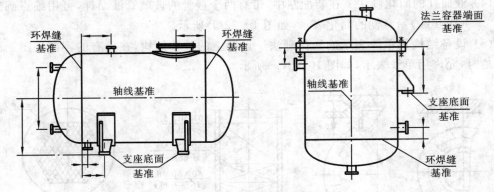

图 10.23　化工设备的尺寸基准

结构形式尺寸等。

3. 管口表和技术特性表

管口表是说明设备上所有管口的用途、规格、连接面形式等内容的一种表格。管口表的格式见表 10.5，管口表的填写应注意：

（1）管口符号在主视图中的编号顺序是从左下方开始，按顺时针方向依次编写，"符号"栏中的字母符号应与视图中各管口的符号相同，用小写拉丁字母按 a、b、c 的顺序自上而下填写。

（2）"连接尺寸、标准"栏填写对外连接管口的有关尺寸和标准，不对外连接的管口不填写，用从左下至右上的细斜线表示。

技术特性表是表明设备技术特性指标的一种表格，格式有两种，分别如表 10.6、表 10.7 所示。一般情况下，管口表位于明细栏的上方，技术特性表位于管口表的上方。

表 10.5　管口表的格式

符号	公称尺寸	连接尺寸、标准	连接面形式	用途或名称
10	15	40	12	23
		100		

表 10.6　技术特性表的格式（双层设备）

内容	管程	壳程
工作压力/MPa		
设计压力/MPa		
物料名称		
换热面积/m²		
30	35	35
	100	

表 10.7　技术特性表的格式（单层设备）

工作压力/MPa		工作温度/℃	
设计压力/MPa		设计温度/℃	
物料名称			
换热面积/ϕ		换热面积/mm	
容器类别			

30　　20　　30　　20
100

4. 技术要求

技术要求是指用文字说明的设备在制造、试验、验收时应遵循的标准、规范或规定，以及对于材料、表面处理及涂饰、润滑、包装、运输等方面的特殊要求。

10.3.2　化工工艺图

化工工艺图是描述化工生产工艺步骤和设备连接顺序，并说明物料的流向和能量的传递情况，将生产顺序、设备布置、管道布置等表示出来的图样。化工工艺图包括工艺流程图、设备布置图、管道布置图等。

1. 工艺流程图

工艺设计的核心是工艺流程设计，工艺流程是以化学反应为核心，并连接反应前后对物料进行处理的工艺步骤，形成一个由原料到产品的生产工艺程序。流程设计的主要任务在于两方面：一是确定生产流程中各个生产过程的具体内容、顺序、组合方式；二是绘制工艺流程图。

工艺流程图是采用展开画法，用图例、符号、代号等把化工工艺流程和所需要的全部设备、机器、管道、阀门、管件和仪表表示出来的图样。根据设计过程中所需表达的侧重点不同，工艺流程图可分为：方案流程图、物料流程图和管道及仪表流程图。

1）首页图

在工艺设计施工图中，将所采用的部分规定以图表形式绘制成首页图，以便于识图和更好地使用设计文件。首页图包括以下内容：①管道及仪表流程图中所采用的图例、符号、设备位号、物料代号及管道编号等；②装置及主项的代号及编号；③检测和控制系统的图例、符号、代号等；④其他有关需要说明的事项。

2）工艺方案流程图

工艺流程图是按照工艺流程的顺序，将设备和工艺流程线从左向右展开画在同一平面上，并附以必要标注说明的一种展开性示意图，如图 10.24 所示。

（1）设备的画法如下。

① 用细实线从左至右、按流程顺序依次画出能反映设备大致轮廓的示意图。设备轮廓一般不按比例绘制，但要保持它们外形的相对大小及位置的相对高低。

② 设备上重要接口的位置，应大致符合实际情况。两个或两个以上的相同设备可只画一个。

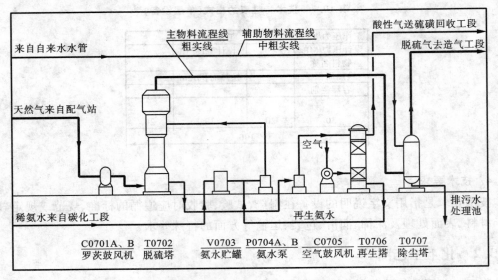

图 10.24　脱硫系统工艺方案流程图

（2）流程线的画法如下。

① 用粗实线画出各设备之间的主要物料流程，用中粗线画出其他辅助物料的流程线，流程线一般画成水平或垂直，转弯处一律画成直角。

② 在两设备之间的流程线上至少有一个方向箭头。当流程线交错时，应将其中一条线断开或绕弯通过。其中同一物料线交错，按流程顺序"先不断、后断"；不同物料线交错，按是否主辅流程线，"主不断、辅断"将流程线断开。

（3）标注方法如下。

① 将设备的名称和位号，在流程图上方或下方靠近设备示意图的位置排成一行。

② 设备位号由设备分类代号、工段代号（两位数字）、设备顺序号（两位数字）和相同设备数量尾号（大写拉丁字母）四部分组成（见图 10.25），常用设备代号见表 10.8。

③ 在流程线开始和终止的上方，用文字说明介质的名称、来源和去向。

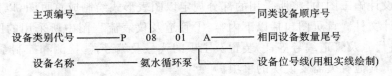

图 10.25　设备位号

表 10.8　部分设备类别代号表（摘自 HG/T 20519.35—2009）

设备类别	代　号	设备类别	代　号
塔	T	泵	P
换热器	E	压缩机、鼓风机	C
反应器	R	工业炉	F
容器（槽、罐）	V	火炬、烟囱	S

3）管道及仪表流程图

管道及仪表流程图又称 PID、施工流程图，是用图示方法把化工工艺流程和所需的全部设备、机器、管道、阀门及管件和仪表表示出来的更为详细的工艺流程图，是设计和施工的原始依据，管道及仪表流程图，如图 10.26 所示。

（1）管道及仪表流程图的画法如下。

① 设备与管道的画法与方案流程图的规定相同。

② 管道上所有的阀门和管件用细实线按标准规定图形符号（见表 10.9）在管道的相应位置画出。

③ 仪表控制点用细实线在相应的管道或设备上用符号画出，符号包括图形符号和字母符号，它们组合起来表达仪表所处理的被测变量和功能。仪表图形符号是一个直径为 10 mm 的细实线圆圈，用细实线连接到设备轮廓或管道测量点上，如图 10.27 所示。

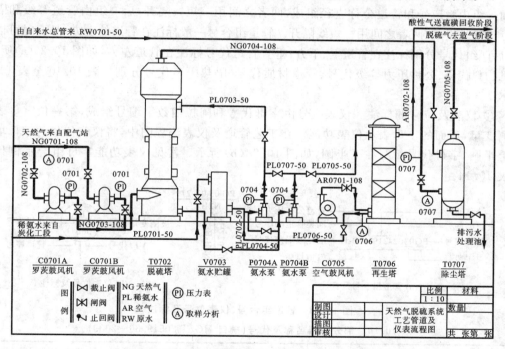

图 10.26　天然气脱硫系统工艺管道及仪表流程图

图 10.27　仪表的图形符号

表 10.9　常用阀门、管件及管道附件图例(摘自 HG/T 20519.32—2009)

名称和符号	名称和符号	名称和符号
柔性管	蒸汽伴热管道	电伴热管道
截止阀	旋启式止回阀	隔膜阀
闸阀	旋塞阀	减压阀
碟阀	球阀	节流阀
三通截止阀	三通球阀	三通旋塞阀

（2）管道及仪表流程图的标注方法如下。

① 设备的标注　与方案流程图的规定相同。

② 管道流程线的标注　除标注方案流程图的内容外,还要标注管道组合号。管道组合号前面一组由管道号和管道公称直径组成,两者之间用一短线隔开;后一组由管道等级和隔热(隔声)代号组成,两者之间用一短线隔开。管道组合号一般标注在管道的上方,必要时可以将前、后两组代号分别标注在管道上、下方;垂直管道代号标注在管道左方,如图 10.28(a)所示。常见物料代号、公称压力等级代号、管道材质代号、隔热隔声代号分别如表 10.10 至表 10.13 所示。

③ 仪表及位号的标注　仪表位号由字母代号和阿拉伯数字编号组成,第一位字母表示被测变量,后面的字母表示仪表功能。在工艺管道及仪表流程图中,将仪表位号的字母填写在上半圆,字母代号填写在下半圆,如图 10.28(b)所示。常见仪表功能字母组合示例代号见表 10.14。

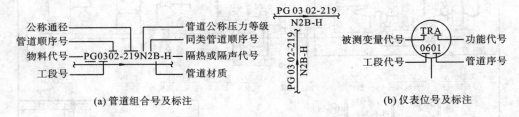

（a）管道组合号及标注　　　　　　　　　　（b）仪表位号及标注

图 10.28　管道组合号、仪表位号及标注

表 10.10　部分物料名称及代号(摘自 HG/T 20519.36—2009)

类别	物料名称	代号	类别	物料名称	代号	类别	物料名称	代号
工艺物料代号	工艺空气	PA	水	锅炉给水	BW	燃料	燃料气	FG
	工艺气体	PG		化学污水	CSW		液体燃料	FL
	工艺液体	PL		脱盐水	DNW		固体燃料	FS
	工艺固体	PS		饮用水、生活用水	DW	增补代号	天然气	NG
	工艺水	PW		消防水	FW		转化气	CG
空气	空气	AR		原水、新鲜水	RW		天然气	NG
	压缩空气	CA		软水	SW		合成气	SG
	仪表用空气	IA		生产废水	WW		尾气	TG

表 10.11 部分管道公称压力等级代号(摘自 HG/T 20519.38—2009)

代号	压力范围/MPa	代号	压力范围/MPa	代号	压力范围/MPa
L	P≤1.0	P	2.5<P≤4.0	S	10.0<P≤16.0
M	1.0<P≤1.6	Q	4.0<P≤6.4	T	16.0<P≤20.0
N	1.6<P≤2.5	R	6.4<P≤10.0	U	20.0<P≤22.0

表 10.12 管道材质代号(摘自 HG/T 20519—2009)

代号	管道材料	代号	管道材料	代号	管道材料	代号	管道材料
A	铸铁	C	普通低合金钢	E	不锈钢	G	非金属
B	碳钢	D	合金钢	F	非铁金属	H	衬里及内防腐

表 10.13 部分隔热及隔声代号(摘自 HG/T 20519.30—2009)

代号	功能类型	备 注	代号	功能类型	备 注
J	夹套伴热	采用夹套管和保温材料	C	保冷	采用保冷材料
E	电伴热	采用电热带和保温材料	D	防结露	采用保冷材料
H	保温	采用保温材料	N	隔声	采用隔声材料

表 10.14 部分被测变量及仪表功能字母组合示例

被测变量\仪表功能	温度(T)	温差(TD)	压力(P)	压差(PD)	流量(F)	物位(L)	分析(A)	密度(D)	未分类量(X)
指示(I)	TI	TDI	PI	PDI	FI	LI	AI	DI	XI
记录(R)	TR	TDR	PR	PDR	FR	LR	AR	DR	XR
控制(C)	TC	TDC	PC	PDC	FC	LC	AC	DC	XC
报警(A)	TA	TDA	PA	PDA	FA	LA	AA	DA	XA
开关(S)	TS	TDS	PS	PDS	FS	LS	AS	DS	XS
记录、报警	TRA	TDRA	PRA	PDRA	FRA	LRA	ARA	DRA	XRA

2. 设备布置图

设备布置图是用来表示设备与建筑物、设备与设备之间的相对位置,能直接指导设备安装的图样。它是进行管道布置设计、绘制管道布置图的依据。

设备布置图的内容有:一组视图(表达建筑物的基本结构和设备在其内、外的布置情况);尺寸及标注;安装方位标及标题栏。设备布置图如图 10.29 所示。

1) 设备布置图的画法

(1) 厂房的平面图和剖面图用细实线绘制,用细点画线表达建筑物的定位轴线,与设备安装定位关系不大的门、窗等构件在剖面图上不予表达。

(2) 在厂房平面图中,设备的轮廓线用粗实线,设备支架、操作平台等基本轮廓用中粗线,设备的中心线用细点画线(多台规格相同的设备只画出一台,其余用粗实线简化画出基础轮廓);在厂房剖面图中,用粗实线画出设备的立面图(被遮挡的设备轮廓一般不予画出)。

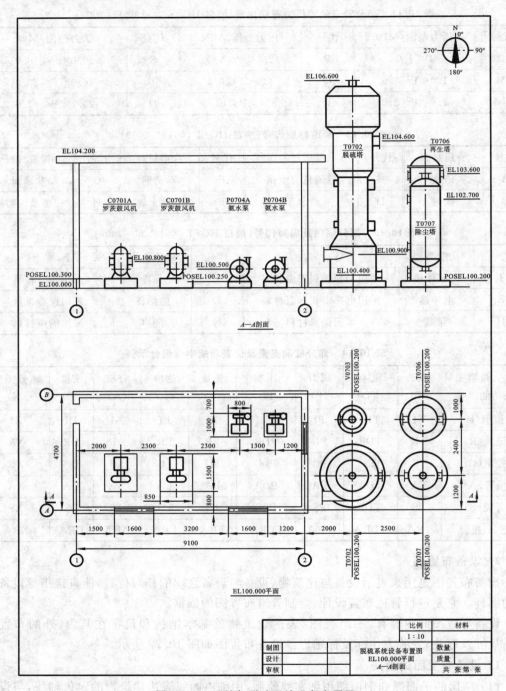

图 10.29 天然气脱硫系统设备布置图

（3）方位标由直径 20 mm 的粗实线圆圈和水平、垂直两轴线构成，并在水平、垂直方位上标注 0°、90°、180°、270°字样。

2）设备布置图的标注方法

（1）标注厂房定位轴线间尺寸；标注设备和基础的定形定位尺寸；在设备中心线上方标注设备位号和名称。

（2）标注厂房室内外地面标高；标注厂房各层标高；标注设备基础标高。标高的英文缩写为"EL"，基准地面的设计标高为 EL100.000（单位为 m，小数点后取三位），高于基准往上加，低于基准往下减。设备标高标注规定如下：① 卧式换热器、槽、罐以主轴中心线标高表示，即"ϕEL×××.×××"；②立式换热器、反应器等以支撑点标高表示，即"POS EL×××.×××"；③泵、压缩机以中心线标高表示，即"EL×××.×××"；或以底盘地面标高表示，即"POS EL×××.×××"；④管廊和管架，以架顶标高表示，即"TOS EL×××.×××"。

3. 管道布置图

管道布置图又称配管图，既是表达设备、机器之间的管道连接及阀门、管件、管道附件、仪表控制点等安装位置的图样，又是管道安装施工的重要依据。

如图 10.30 所示，管道布置图的内容有：一组视图（表达建筑物的基本结构和设备、管道、管件、阀门、仪表控制点的布置安装情况）；尺寸及标注（确定管道、管件、阀门、仪表控制点等的平面位置尺寸和标高尺寸；建筑物的定位轴线标号、设备位号、管道顺序号、仪表控制点代号）；安装方位标；表格（设备上各管口的资料）及标题栏。

1）管道布置图的画法

（1）管道的表示法　公称直径 DN 小于和等于 350 mm（或 14 in）的管道，用单线（粗实线）表示；DN 大于和等于 400 mm（或 16 in）的管道，用双线（粗实线）表示，如图 10.31 所示。

（2）管道的弯折表示法　管道弯折表示法如图 10.32 所示。

（3）管道交叉和重叠表示法　管道交叉和重叠表示法如表 10.15 所示。

表 10.15　管道交叉和重叠表示法

管 道 交 叉			管 道 重 叠	
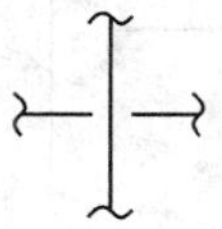 将被遮挡管子断开	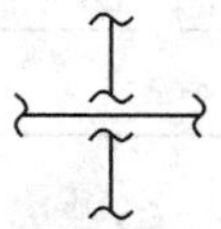 将可见管子断开使被遮挡管可见	 将前（上）管子断开使后（下）管子可见	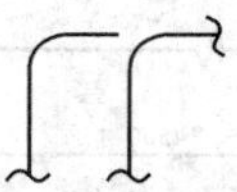 将前（上）管子画完整 后（下）管子画至重叠处	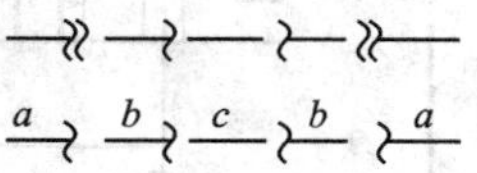 多根管子重叠，将最前（后）管子用"双重断裂符号"表示或标字母

（4）管道连接的表示方法　常见管道连接的方法有四种：法兰连接、承插连接、焊接和螺纹连接，如图 10.33 所示。

（5）阀门和控制元件　阀门在管道布置图中的表示方法和连接方法见表 10.16，阀门和控制元件的组合方式如图 10.34 所示。

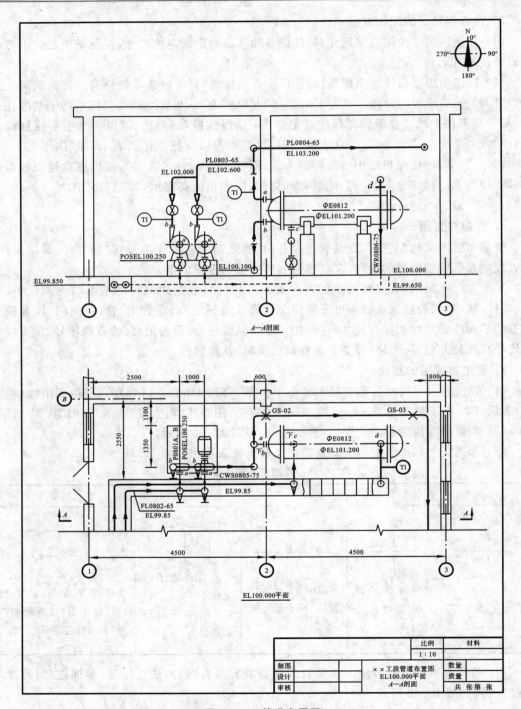

图 10.30　管道布置图

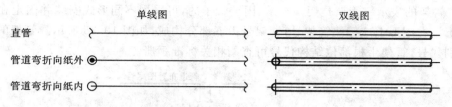

图 10.31 管道的表示法

图 10.32 管道的弯折表示法

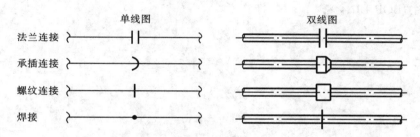

图 10.33 常见管道连接表示法

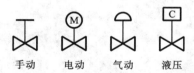

图 10.34 阀门和控制元件组合方式

表 10.16 阀门及连接方法图例(摘自 HG/T 20519—2009)

阀门名称	螺纹或承插焊连接	对焊连接	法兰连接(三视图)	
截止阀				
闸阀				

（6）管架的表示　管架是用来支承、固定管子的，可采用不同形式安装并固定在建筑物或基础上。在图形上应标注管架号，管架号由五部分构成，如图10.35所示。管架的画法和管架类别代号，管架生根部位结构代号可查阅相关标准手册。

图 10.35　管架号的构成

2）管道布置图的标注方法

（1）建筑物和设备的标注　与前面设备布置图相同。

（2）管道的标注　用单线表示的管道在上方标注与施工流程图一致的管道代号，在下方标注管道标高。当标高以管道中心为基准时，标注"EL×××.×××"；当标高以管底为基准时，标注"BOP EL×××.×××"。

附　　录

附表 1　普通螺纹直径与螺距系列(GB/T 193—2003、GB/T 196—2003)

公称直径 D、d		螺距 P		粗牙中径 D_2、d_2	粗牙小径 D_1、d_1
第一系列	第二系列	粗牙	细牙		
3		0.5	0.35	2.675	2.459
	3.5	(0.6)		3.110	2.850
4		0.7		3.545	3.242
	4.5	(0.75)	0.5	4.013	3.688
5		0.8		4.480	4.134
6		1	0.75,(0.5)	5.350	4.917
8		1.25	1,0.75,(0.5)	7.188	6.647
10		1.5	1.25,1,0.75,(0.5)	9.026	8.376
12		1.75	1.5,1.25,1,(0.75),(0.5)	10.863	10.106
	14	2	1.5,1.25*,1,(0.75),(0.5)	12.701	11.835
16		2	1.5,1,(0.75),(0.5)	14.701	13.835
	18	2.5	2,1.5,1,(0.75),(0.5)	16.376	15.294
20		2.5		18.376	17.294
	22	2.5	2,1.5,1,(0.75),(0.5)	20.376	19.294
24		3	2,1.5,1,(0.75)	22.051	20.752
	27	3	2,1.5,1,(0.75)	25.051	23.752
30		3.5	(3),2,1.5,1,(0.75)	27.727	26.211
	33	3.5	(3),2,1.5,(1),(0.75)	30.727	29.211
36		4	3,2,1.5,(1)	33.402	31.670
	39	4		36.402	34.670
42		4.5		39.077	37.129
	45	4.5	(4),3,2,1.5,(1)	42.077	40.129
48		5		44.752	42.587
	52	5		48.752	46.587

注：① 优先选用第一系列,括号内的尺寸尽可能不用,第三系列未列入;

　　② M14×1.25 仅用于火花塞。

标记示例:M20×1.5LH—6H(细牙普通螺纹、公称直径 D=20、螺距 P=1.5、左旋、中径和顶径公差带均为 6H、中等旋合长度)

附表2　梯形螺纹直径与螺距系列(GB/T 5796—2005)

标记示例:

　　Tr40×14(P7)LH—8e(公称直径为 $d=40$ mm,导程为 14 mm,螺距 $P=7$ mm,中径公差带为 8e,双线左旋的梯形螺纹)

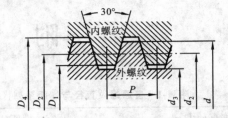

| 公称直径 d | | 螺距 | 中径 | 大径 | 小径 | | 公称直径 d | | 螺距 | 中径 | 大径 | 小径 | |
第一系列	第二系列	P	$d_2=D_2$	D_4	d_3	D_1	第一系列	第二系列	P	$d_2=D_2$	D_4	d_3	D_1
8		1.5	7.25	8.30	6.20	6.50		26	3	24.50	26.50	22.50	23.00
	9	1.5	8.25	9.30	7.20	7.50		26	5	23.50	26.50	20.50	21.00
	9	2	8.00	9.50	6.50	7.00		26	8	22.00	27.00	17.00	18.00
10		1.5	9.25	10.30	8.20	8.50	28		3	26.50	28.50	24.50	25.00
10		2	9.00	10.50	7.50	8.00	28		5	25.50	28.50	22.50	23.00
	11	2	10.00	11.50	8.50	9.00	28		8	24.00	29.00	19.00	20.00
	11	3	9.50	11.50	7.50	8.00		30	3	28.50	30.50	26.50	27.00
12		2	11.00	12.50	9.50	10.00		30	6	27.00	31.00	23.00	24.00
12		3	10.50	12.50	8.50	9.00		30	10	25.00	31.00	19.00	20.00
	14	2	13.00	14.50	11.50	12.00	32		3	30.50	32.50	28.50	29.00
	14	3	12.50	14.50	10.50	11.00	32		6	29.00	33.00	25.00	26.00
16		2	15.00	16.50	13.50	14.00	32		10	27.00	33.00	21.00	22.00
16		4	14.00	16.50	11.50	12.00		34	3	32.50	34.50	30.50	31.00
	18	2	17.00	18.50	15.50	16.00		34	6	31.00	35.00	27.00	28.00
	18	4	16.00	18.50	13.50	14.00		34	10	29.00	35.00	23.00	24.00
20		2	19.00	20.50	17.50	18.00	36		3	34.50	36.50	32.50	33.00
20		4	18.00	20.50	15.50	16.00	36		6	33.00	37.00	29.00	30.00
	22	3	20.50	22.50	18.50	19.00	36		10	31.00	37.00	25.00	26.00
	22	5	19.50	22.50	16.50	17.00		38	3	36.50	38.50	34.50	35.00
	22	8	18.00	23.00	13.00	14.00		38	7	34.50	39.00	30.00	31.00
24		3	22.50	24.50	20.50	21.00		38	10	33.00	39.00	27.00	28.00
24		5	21.50	24.50	18.50	19.00	40		3	38.50	40.50	36.50	37.00
24		8	20.00	25.00	15.00	16.00	40		7	36.50	41.00	32.00	33.00
							40		10	35.00	41.00	29.00	30.00

　　注:① 优先选用第一系列的直径,图中尺寸单位 mm;

　　　　② 螺纹的公差代号均只表示中径,旋合长度只有中等旋合长度(N)和长旋合长度(L)两种。

附表 3   55°非螺纹密封管螺纹（GB/T 7307—2001）

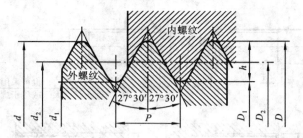

标记示例：

G2（尺寸代号 2、右旋的非螺纹密封管螺纹）

G1/2A-LH6（尺寸代号 1/2、精度等级为 A、左旋的非螺纹密封管螺纹）

mm

尺寸代号	每 25.4 mm 内所含的牙数 n	螺距 P /mm	牙高 h /mm	圆弧半径 /mm	基本直径		
					大径 $d=D$/mm	中径 $d_2=D_2$ /mm	小径 $d_1=D_1$/mm
1/16	28	0.907	0.581	0.125	7.723	7.142	6.561
1/8	28	0.907	0.581	0.125	9.728	9.147	8.566
1/4	19	1.337	0.856	0.184	13.157	12.301	11.445
3/8	19	1.337	0.856	0.184	16.662	15.806	14.950
1/2	14	1.814	1.162	0.249	20.955	19.793	18.631
3/4	14	1.814	1.162	0.249	26.441	25.279	24.117
1	11	2.309	1.479	0.317	33.249	31.770	30.291
$1^1/_4$	11	2.309	1.479	0.317	41.910	40.431	38.952
$1^1/_2$	11	2.309	1.479	0.317	47.803	46.324	44.845
2	11	2.309	1.479	0.317	59.614	58.135	56.656
$2^1/_2$	11	2.309	1.479	0.317	75.184	73.705	72.226
3	11	2.309	1.479	0.317	87.884	86.405	84.926
$3^1/_2$	11	2.309	1.479	0.317	100.380	98.851	97.372
4	11	2.309	1.479	0.317	113.030	111.551	110.072
$4^1/_2$	11	2.309	1.479	0.317	125.730	124.251	122.772
5	11	2.309	1.479	0.317	138.430	136.951	135.472
$5^1/_2$	11	2.309	1.479	0.317	151.130	149.651	148.172
6	11	2.309	1.479	0.317	163.830	162.351	160.872

附表4 普通螺纹收尾、退刀槽和倒角(GB/T 3—1997)

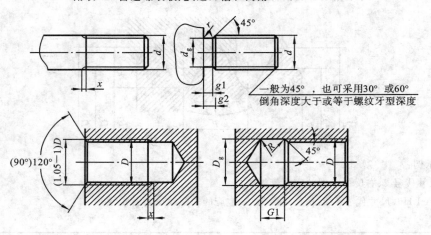

一般为45°，也可采用30°或60°
倒角深度大于或等于螺纹牙型深度

mm

螺距P	外 螺 纹							内 螺 纹					
	g_2	g_1	d_g	$r\approx$	x_{max}		G_1		D_g	$R\approx$	X_{max}	
	max	min			一般	短的	一般	短的			一般	短的
0.5	1.5	0.8	$d-0.8$	0.2	1.25	0.7	2	1		0.2	2	1
0.6	1.8	0.9	$d-1$		1.5	0.75	2.4	1.2		0.3	2.4	1.2
0.7	2.1	1.1	$d-1.1$	0.4	1.75	0.9	2.8	1.4	$D+0.3$		2.8	1.4
0.75	2.2	1.2	$d-1.2$		1.9	1	3	1.5		0.4	3	1.5
0.8	2.4	1.3	$d-1.3$		2	1	3.2	1.6			3.2	1.6
1	3	1.6	$d-1.6$	0.6	2.5	1.25	4	2		0.5	4	2
1.25	3.7	2	$d-2$		3.2	1.6	5	2.5		0.6	5	2.5
1.5	4.5	2.5	$d-2.3$	0.8	3.8	1.9	6	3		0.8	6	3
1.75	5.2	3	$d-2.6$	1	4.3	2.2	7	3.5		0.9	7	3.5
2	6	3.4	$d-3$		5	2.5	8	4		1	8	4
2.5	7.5	4.4	$d-3.6$	1.2	6.3	3.2	10	5		1.2	10	5
3	9	5.2	$d-4.4$	1.6	7.5	3.8	12	6	$D+0.5$	1.5	12	6
3.5	10	6.2	$d-5$		9	4.5	14	7		1.8	14	7
4	12	7	$d-5.7$	2	10	5	16	8		2	16	8
4.5	13	8	$d-6.4$	2.5	11	5.5	18	9		2.2	18	9
5	15	9	$d-7$		12.5	6.3	20	10		2.5	20	10
5.5	17	11	$d-7.7$	3.2	14	7	22	11		2.8	22	11
6	18	11	$d-8.3$		15	7.5	24	12		3	24	12

注：d_g 公差：$d>3$ mm 时为 h13，$d\leqslant3$ mm 时为 h12；D_g 公差为 H13。

附表 5　六角头螺栓［GB/T 5782—2000(半螺纹)、GB/T 5783—2000(全螺纹)］

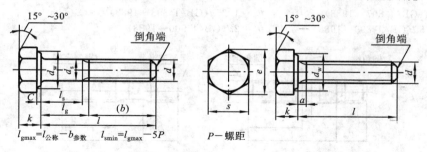

标记示例：

螺栓　GB/T　5782　M12×80(螺纹规格 d＝M12、公称长度 l＝80 mm,性能等级为 8.8 级、表面氧化、产品等级为 A 级的六角头螺栓)

螺栓　GB/T　5783　M12×80(螺纹规格 d＝M12、公称长度 l＝80 mm,性能等级为 8.8 级、表面氧化、全螺纹、A 级的六角头螺栓)

mm

螺纹规格 d			M3	M4	M5	M6	M8	M10	M12	M16	M20	M24	M30	M36
e min	产品等级	A	6.07	7.66	8.79	11.05	14.38	17.77	20.03	26.75	33.53	39.98	50.85	60.79
		B	—	—	8.63	10.89	14.20	17.59	19.85	26.17	32.95	39.55		
S_{max}＝公称			5.5	7	8	10	13	16	18	24	30	36	46	55
k 公称			2	2.8	3.5	4	5.3	6.4	7.5	10	12.5	15	18.7	22.5
C	max		0.4	0.4	0.5	0.5	0.6	0.6	0.6	0.8	0.8	0.8	0.8	0.8
	min		0.15							0.2				
d_w min	产品等级	A	4.6	5.9	6.9	8.9	11.6	14.6	16.6	22.5	28.2	33.6	42.71	51.1
		B	—	—	6.7	8.7	11.4	14.4	16.4	22	27.7	33.2		
GB/T 5782	$l\leqslant125$	b 参考	12	14	16	18	22	26	30	38	46	54	66	78
	$125<l\leqslant200$		—	—	—	—	28	32	36	44	52	60	72	84
	$l>200$		—	—	—	—	—	—	—	57	65	73	85	97
	l 范围		20~30	25~40	25~50	30~60	35~80	40~100	45~120	55~160	65~200	80~240	90~300	110~360
GB/T 5783	a_{max}		1.5	2.1	2.4	3	3.75	4.5	5.25	6	7.5	9	10.5	12
	l 范围		6~30	8~40	10~50	12~60	16~80	20~100	25~100	35~100	40~100			
l 系列			6,8,10,12,16,20,25,30,35,40,45,50,(55),60,(65),70,80,90,100,110,120,130,140,150,160,180,200,220,240,260,280,300,320,340,360,380,400											

注：① 末端按 GB/T 2—1985 规定；螺纹公差 6g；力学性能等级为 8.8 级；

② 产品等级 A(用于 $d\leqslant24$ 和 $l\leqslant10d$ 或≤150 mm)；B(用于 $d>24$ 和 $l>10d$ 或>150 mm)。

附表 6　双头螺柱

$b_m = 1d$(GB/T 897—1988)　　　　　$b_m = 1.25d$(GB/T 898—1988)
$b_m = 1.5d$(GB/T 899—1988)　　　　$b_m = 2d$(GB/T 900—1988)

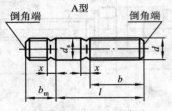
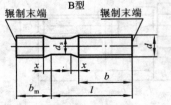

末端按GB/T 2—1985的规定　　　　　$d_s \approx$ 螺纹中径(仅适用于B型)

标记示例:

螺柱　GB/T 897M10×50(两端均为粗牙普通螺纹,$d=10$ mm、$l=50$ mm、性能等级为 4.8 级、不经表面处理、B 型、$b_m=1d$ 的双头螺柱)

螺柱　GB/T 898 AM10—M10×1×50(旋入端为粗牙普通螺纹,与螺母相连一端螺距 $P=1$ mm 的细牙普通螺纹,$d=10$ mm、$l=50$ mm、性能等级为 4.8 级、A 型、$b_m=1.25\,d$ 的双头螺柱)

mm

螺纹规格	b_m 公称				d_s		x	b	l 公称
d	GB/T 897	GB/T 898	GB/T 899	GB/T 900	max	min	max		
M5	5	6	8	10	5	4.7		10	16~20
								16	25~50
M6	6	8	10	12	6	5.7		10	20,(22)
								14	25,(28),30
								18	35~70
M8	8	10	12	16	8	7.64		12	20
								16	25,(28),30
								22	35~90
M10	10	12	15	20	10	9.64		14	25,(28)
								16	30,(32),35
								26	40~120
								32	130
M12	12	15	18	24	12	11.57	1.5P	16	25,30
								20	35,40
								30	45~120
								36	130~180
M16	16	20	24	32	16	15.57		20	30,(32),35
								30	40~50
								38	60~120
								44	130~180
M20	20	25	30	40	20	19.48		25	35,40
								35	45~60
								46	70~120
								52	130~200
l 系列	16、(18)、20、(22)、25、(28)、30、(32)、35、(38)、40、45、50、(55)、60、(65)、70、(75)、80、(85)、90、(95)、100、110、120、130、140、150、160、170、180、190、200								

附表7

开槽圆柱头螺钉；
(GB/T 65—2000)

开槽盘头螺钉；
(GB/T 67—2000)

开槽沉头螺钉
(GB/T 68—2000)

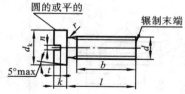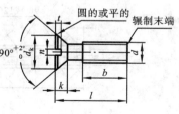

标记示例:

螺钉 GB/T 65 M5×20(螺纹规格 d＝M5、公称长度 l＝20 mm、性能等级 4.8 级、不经表面处理的 A 级开槽圆柱头螺钉)

螺钉 GB/T 68 M5×20(螺纹规格 d＝M5、公称长度 l＝20 mm、性能等级 4.8 级、不经表面处理的 A 级开槽沉头螺钉)

mm

螺纹规格 d		M1.6	M2	M2.5	M3	M4	M5	M6	M8	M10
GB/T 65— 2000	d_k	3.0	3.8	4.5	5.5	7	8.5	10	13	16
	k	1.1	1.4	1.8	2.0	2.6	3.3	3.9	5	6
	t	0.45	0.6	0.7	0.85	1.1	1.3	1.6	2	2.4
	r	0.1	0.1	0.1	0.1	0.2	0.2	0.25	0.4	0.4
	l	2～16	3～20	3～25	4～30	5～40	6～50	8～60	10～80	12～80
	全螺纹长	16	20	25	30	40	40	40	40	40
GB/T 67— 2000	d_k	3.2	4	5	5.6	8	9.5	12	16	20
	k	1	1.3	1.5	1.8	2.4	3	3.6	4.8	6
	t	0.35	0.5	0.6	0.7	1	1.2	1.4	1.9	2.4
	r	0.1	0.1	0.1	0.1	0.2	0.2	0.25	0.4	0.4
	l	2～16	2.5～20	3～25	4～30	5～40	6～50	8～60	10～80	12～80
	全螺纹长	16	20	25	30	40	40	40	40	40
GB/T 68— 2000	d_k	3	3.8	4.7	5.5	8.4	9.3	11.3	15.8	18.3
	k	1	1.2	1.5	1.65	2.7	2.7	3.3	4.65	5
	t	0.32	0.4	0.5	0.6	1	1.1	1.2	1.8	2
	r	0.4	0.5	0.6	0.8	1	1.3	1.5	2	2.5
	l	2.5～16	3～20	4～25	5～30	6～40	8～50	8～60	10～80	12～80
	全螺纹长	16	20	25	30	40	45	45	45	45
P(螺距)		0.35	0.4	0.45	0.5	0.7	0.8	1	1.25	1.5
n		0.4	0.5	0.6	0.8	1.2	1.2	1.6	2	2.5
b		25					38			
L(系列)		2,2.5,3,4,5,6,8,10,12,(14),16,20,25,30,35,40,45,50,(55),60,(65),70,(75),80								

附表 8

开槽锥端紧定螺钉	开槽平端紧定螺钉	开槽长圆柱端紧定螺钉
GB/T 71—2000	GB/T 73—2000	GB/T 75—2000

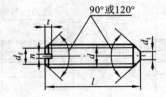 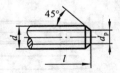 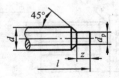

标记示例：

螺钉　GB/T 73 M5×12（螺纹规格 d＝M5、公称长度 l＝12 mm、性能等级 14H 级、表面氧化处理的开槽平端紧定螺钉）

mm

螺纹规格 d		M1.6	M2	M2.5	M3	M4	M5	M6	M8	M10	M12
螺距 P		0.35	0.4	0.45	0.5	0.7	0.8	1	1.25	1.5	1.75
d_f	≈					螺纹小径					
d_t	min	—	—	—	—	—	—	—	—	—	—
	max	0.16	0.2	0.25	0.3	0.4	0.5	1.5	2	2.5	3
d_p	min	0.55	0.75	1.25	1.75	2.25	3.2	3.7	5.2	6.64	8.14
	max	0.8	1	1.5	2	2.5	3.5	4	5.5	7	8.5
n	公称	0.25	0.25	0.4	0.4	0.6	0.8	1	1.2	1.6	2
	min	0.31	0.31	0.46	0.46	0.66	0.86	1.06	1.26	1.66	2.06
	max	0.45	0.45	0.6	0.6	0.8	1	1.2	1.51	1.91	2.31
t	min	0.56	0.64	0.72	0.8	1.12	1.28	1.6	2	2.4	2.8
	max	0.74	0.84	0.95	1.05	1.42	1.63	2	2.5	3	3.6
z	min	0.8	1	1.25	1.5	2	2.5	3	4	5	6
	max	1.05	1.25	1.5	1.75	2.25	2.75	3.25	4.3	5.3	6.3
GB/T71	l 公称长度	2～8	3～10	3～12	4～16	6～20	8～25	8～30	10～40	12～50	14～60
	l（短螺钉）	2～2.5	2～2.5	2～3	2～4	2～5	2～6	2～8	2～10	2～12
GB/T73	l 公称长度	2～8	2～10	2.5～12	3～16	4～20	5～25	6～30	8～30	10～50	12～60
	l 短螺钉	2	2～2.5	2～3	2～3	2～4	2～5	2～6	2～6	2～8	2～10
GB/T75	l 公称长度	2.8～8	3～10	4～12	5～16	6～20	8～25	8～30	10～40	12～50	14～60
	l 短螺钉	2～2.5	2～3	2～4	2～5	2～6	2～8	2～10	2～14	2～16	2～20
l 系列		2,2.5,3,4,5,6,8,10,12,(14),16,20,25,30,40,45,50,(55),60									

注：① 尽可能不采用括号内的规格；

　　② 公称长度为商品规格尺寸。

附表 9 Ⅰ型六角头螺母(GB/T 6170—2000)

标记示例:

螺母 GB/T 6170 M12(螺纹规格 $D=$ M12,性能等级为 10 级、不经表面处理、产品等级为 A 级的Ⅰ型六角头螺母)

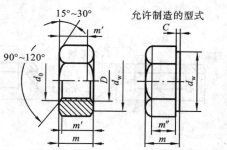

允许制造的型式

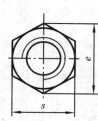

mm

螺纹规格 D		M1.6	M2	M2.5	M3	M4	M5	M6	M8
细牙 $D \times P$		—	—	—	—	—	—	—	M8×1
C_{max}		0.2		0.3		0.4		0.5	0.6
d_a	max	1.84	2.3	2.9	3.45	4.6	5.75	6.75	8.75
	min	1.60	2.0	2.5	3.00	4.0	5.00	6.00	8.00
d_w	min	2.4	3.1	4.1	4.6	5.9	6.9	8.9	11.6
e	min	3.41	4.32	5.45	6.01	7.66	8.79	11.05	14.38
m	max	1.3	1.6	2	2.4	3.2	4.7	5.2	6.8
	min	1.05	1.35	1.75	2.15	2.9	4.4	4.9	6.44
m'	min	0.8	1.1	1.4	1.7	2.3	3.5	3.9	5.1
m''	min	0.7	0.9	1.2	1.5	2	3.1	3.4	4.5
s	max	3.2	4	5	5.5	7	8	10	13
	min	3.02	3.82	4.82	5.32	6.78	7.78	9.78	12.73
螺纹规格 D		M10	M12	M16	M20	M24	M30	M36	
细牙 $D \times P$		M10×1	M12×1.5	M16×1.5	M20×2	M24×2	M30×2	M36×2	
C_{max}		0.6		0.8					
d_a	max	10.8	13	17.30	21.6	25.9	32.4	38.9	
	min	10.0	12	16	20	24	30	36	
d_w	min	14.6	16.6	22.5	27.7	33.2	42.7	51.1	
e	min	17.77	20.03	26.75	32.95	39.55	50.85	60.79	
m	max	8.4	10.8	14.8	18	21.5	25.6	31	
	min	8.04	10.37	14.1	16.9	20.2	24.3	29.4	
m'	min	6.4	8.3	11.3	13.5	16.2	19.4	23.5	
m''	min	5.6	7.3	9.9	11.8	14.1	17	20.6	
s	max	16	18	24	30	36	46	55	
	min	15.73	17.73	23.67	29.16	35	45	53.8	

注:① A 级用于 $D \leq 16$ 的螺母;B 级用于 $D > 16$ 的螺母,C 级用于 $D \geq 5$ 的螺母;

② 螺纹公差 A,B 为 H,C 为 7H;力学性能等级 A,B 为 6、8、10 级,C 为 4、5 级。

附表 10　平垫圈——A 级（GB/T 97.1—2002）　平垫圈 倒角型——A 级（GB/T 97.2—2002）

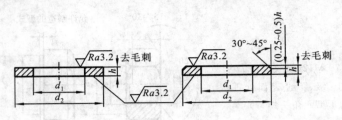

标记示例：

垫圈 GB/T 97.18—140HV（标准系列、公称尺寸 $d=8$ mm、性能等级为 140HV 级、不经表面处理的平垫圈）

mm

公称尺寸（规格）d	3	4	5	6	8	10	12	14	16	20	24	30	36
内径 d_1	3.2	4.3	5.3	6.4	8.4	10.5	13	1	17	21	25	31	37
外径 d_2	7	9	10	12	16	20	24	28	30	37	44	56	66
厚度 h	0.5	0.8	1	1.6	1.6	2	2.5	2.5	3	3	4	4	5

注：① A 级用于精装配系列；C 级用于中等装配系列；

② A 级机械性能有 140 HV、200 HV、300 HV（材料：钢）；C 级有 100 HV。

附表 11　标准型弹簧垫圈（GB/T 93—1987）、轻型弹簧垫圈（GB/T 859—1987）（材料：钢）

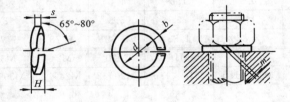

标记示例：

垫圈 GB/T 93 16（标准系列，规格为 16 mm、材料为 65Mn、表面氧化的标准型弹簧垫圈）

mm

规格（螺纹大径）	4	5	6	8	10	12	16	20	24	30	36	42	48
d_{min}	4.1	5.1	6.1	8.1	10.2	12.2	16.2	20.2	24.5	30.5	36.5	42.5	48.5
$S=b$ 公称	1.1	1.3	1.6	2.1	2.6	3.1	4.1	5	6	7.5	9	10.5	12
$M\leqslant$	0.55	0.65	0.8	1.05	1.3	1.55	2.05	2.5	3	3.75	4.5	5.25	6
H_{max}	2.75	3.25	4	5.25	6.5	7.75	10.25	12.5	15	18.75	22.5	26.25	30

附表 12　普通平键

平键及键槽的断面尺寸（GB/T 1095—2003）　　　　　普通平键的形式（GB/T 1096—2003）

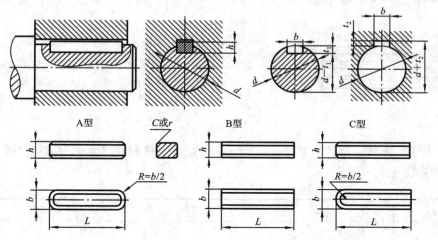

标记示例：

GB/T 1096—2003　键 18×11×100（圆头普通平键（A 型）、$b=18$ mm、$h=11$ mm、$L=100$ mm）

GB/T 1096—2003　键 B18×11×100（平头普通平键（B 型）、$b=18$ mm、$h=11$ mm、$L=100$ mm）

mm

公称轴径 d	公称尺寸 $b×h$	L	键　槽											
			宽度 b						深度				半径 r	
				极限偏差					轴 t_1		毂 t_2			
			b	较松连接		正常连接		较紧连接	基本尺寸	极限偏差	基本尺寸	极限偏差		
				轴 H9	毂 D10	轴 N9	毂 Js9	轴和毂 P9					min	max
>10~12	4×4	8~45	4	+0.030 0	+0.078 +0.030	0 −0.030	±0.015	−0.012 −0.042	2.5	+0.1 0	1.8	+0.1 0	0.08	0.16
>12~17	5×5	10~56	5						3.0		2.3			
>17~22	6×6	14~70	6						3.5		2.8		0.16	0.25
>22~30	8×7	18~90	8	+0.036 0	+0.098 +0.040	0 −0.036	±0.018	−0.015 −0.051	4.0		3.3			
>30~38	10×8	22~110	10						5.0		3.3			
>38~44	12×8	28~140	12	+0.043 0	+0.120 +0.050	0 −0.043	±0.026	+0.018 −0.061	5.0		3.3			
>44~50	14×9	36~16	14						5.5		3.8		0.25	0.40
>50~58	16×10	45~180	16						6.0	+0.2 0	4.3	+0.2 0		
>58~65	18×11	50~200	18						7.0		4.4			
>65~75	20×12	56~220	20	+0.052 0	+0.149 +0.065	0 −0.052	±0.031	+0.022 −0.074	7.5		4.9			
>75~85	22×14	63~250	22						9.0		5.4		0.40	0.60
>85~95	25×14	70~280	25						9.0		5.4			
>95~110	28×16	80~320	28						10		6.4			

注：① 在工作图中，轴槽深度用（$d-t_1$）或 t_1 表示，轮毂槽深度用（$d+t_2$）表示；

　　② （$d-t_1$）和（$d+t_2$）两组组合尺寸的极限偏差按相应的 t_1 和 t_2 的极限偏差选取，但（$d-t_1$）极限偏差应取负号（一）；

　　③ L 系列：6,8,10,12,14,16,18,20,22,25,28,32,36,40,45,50,56,63,70,80,90,100,110……

附表 13　圆柱销

不淬硬钢和奥氏体不锈钢(GB/T 119.1—2000);淬硬钢和马氏体不锈钢(GB/T 119.2—2000)

d 的公差:m6 和 h8

公差为 m6 时,粗糙度 $Ra{\leqslant}0.8\ \mu m$,端面 Ra 为 6.3

公差为 h8 时,粗糙度 $Ra{\leqslant}1.6\ \mu m$,端面 Ra 为 6.3

标记示例:

　　销 GB/T 119.16 m6×30(公称直径 $d=6$ mm,公差为 m6,长度 $l=30$ mm,材料为钢,不淬火,不经表面处理的圆柱销)

mm

d(公称)	2	3	4	5	6	8	10	12
$c{\approx}$	0.35	0.5	0.63	0.8	1.2	1.6	2	2.5
l　GB/T 119.1	6~20	8~30	8~40	10~50	12~60	14~80	18~95	22~140
GB/T 119.2	5~20	8~30	10~40	12~50	14~60	18~80	22~100	26~100
l 系列	3,4,5,6,8,10,12,14,16,18,20,22,24,26,28,30,32,35,40,45,50,55,60,65,70,75,80,85,90,95,100,120,140,160,180,200……							

附表 14　圆锥销(GB/T 117—2000)

d 的公差:h10

A 型(磨削),锥表面粗糙度 $Ra=0.8\ \mu m$,端面 Ra 为 6.3

B 型(切削或冷镦),锥表面粗糙度 $Ra=3.2\ \mu m$,端面 Ra 为 6.3

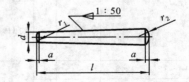

$$r_1{\approx}d, r_2{\approx}\frac{a}{2}+d+\frac{(0.021)^2}{8a}$$

标记示例

　　销　GB/T 117 6×30(公称直径 $d=6$ mm,长度 $l=30$ mm,材料为 35 钢,热处理硬度为 28~38 HRC,表面氧化处理的 A 型圆锥销)

mm

d(公称)	2	3	4	5	6	8	10	12
$a{\approx}$	0.25	0.4	0.5	0.63	0.8	1.0	1.2	1.6
L 范围	10~35	12~45	14~55	18~60	22~90	22~120	26~160	32~180
l 系列	2,3,4,5,6,8,10,12,14,16,18,20,22,24,26,28,30,32,35,40,45,50,55,60,65,70,75,80,85,90,95,100,120,140,160,180,200……							

注:① d 的其他公差,如 a11、c11、f8 由供需双方协商;

　　② 公称长度大于 200 mm,按 20 mm 递增。

附表 15 滚动轴承

深沟球轴承(GB/T 276—1994) 圆锥滚子轴承(GB/T 297—1994) 推力球轴承(GB/T 301—1995)

深沟球轴承 (摘自 GB/T 276—1994)	圆锥滚子轴承 (摘自 GB/T 297—1994)	推力球轴承 (摘自 GB/T 301—1995)
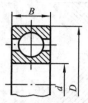	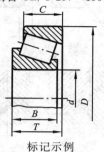	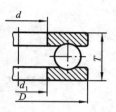
标记示例 滚动轴承 6310 GB/T 276	标记示例 滚动轴承 30212 GB/T 297	标记示例 滚动轴承 51305 GB/T 301

轴承 型号	尺寸/mm			轴承 型号	尺寸/mm					轴承 型号	尺寸/mm			
	d	D	B		d	D	B	C	T		d	D	T	d_1
尺寸系列[(0)2]				尺寸系列[02]						尺寸系列[12]				
6202	15	35	11	30203	17	40	12	11	13.25	51202	15	32	12	17
6203	17	40	12	30204	20	47	14	12	15.25	51203	17	35	12	19
6204	20	47	14	30205	25	52	15	13	16.25	51204	20	40	14	22
6205	25	52	15	30206	30	62	16	14	17.25	51205	25	47	15	27
6206	30	62	16	30207	35	72	17	15	18.25	51206	30	52	16	32
6207	35	72	17	30208	40	80	18	16	19.75	51207	35	62	18	37
6208	40	80	18	30209	45	85	19	16	20.75	51208	40	68	19	42
6209	45	85	19	30210	50	90	20	17	21.75	51209	45	73	20	47
6210	50	90	20	30211	55	100	21	18	22.75	51210	50	78	22	52
6211	55	100	21	30212	60	110	22	19	23.75	51211	55	90	25	57
6212	60	110	22	30213	65	120	23	20	24.75	51212	60	95	26	62
尺寸系列[(0)3]				尺寸系列[03]						尺寸系列[13]				
6302	15	42	13	30302	15	42	13	11	14.25	51304	20	47	18	22
6303	17	47	14	30303	17	47	14	12	15.25	51305	25	52	18	27
6304	20	52	15	30304	20	52	15	13	16.25	51306	30	60	21	32
6305	25	62	17	30305	25	62	17	15	18.25	51307	35	68	24	37
6306	30	72	19	30306	30	72	19	16	20.75	51308	40	78	26	42
6307	35	80	21	30307	35	80	21	18	22.75	51309	45	85	28	47
6308	40	90	23	30308	40	90	23	20	25.25	51310	50	95	31	52
6309	45	100	25	30309	45	100	25	22	27.25	51311	55	105	35	57
6310	50	110	27	30310	50	110	27	23	29.25	51312	60	110	35	62
6311	55	120	29	30311	55	120	29	25	31.50	51313	65	115	36	67
6312	60	130	31	30312	60	130	31	26	33.50	51314	70	125	40	72

附表 16　倒角和倒圆(GB/T 6403.4—2008)

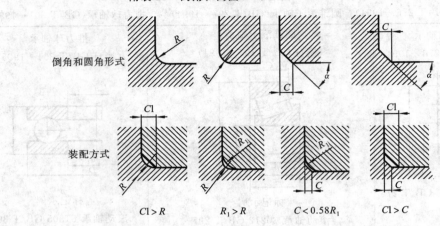

倒角和圆角形式

装配方式

$Cl > R$　　　$R_1 > R$　　　$C < 0.58R_1$　　　$Cl > C$

mm

R_1	0.1	0.2	0.3	0.4	0.5	0.6	0.8	1.0	1.2	1.6	2.0
C_{max}	—	0.1	0.1	0.2	0.2	0.3	0.4	0.5	0.6	0.8	1.0
R_1	2.5	3.0	4.0	5.0	6.0	8.0	10	12	16	20	25
C_{max}	1.2	1.6	2.0	2.5	3.0	4.0	5.0	6.0	8.0	10	12

直径 ϕ 与相应倒角 C、倒圆 R 的推荐值

mm

直径	≤3		>3~6		>6~10		>10 ~18	>18 ~30	>30~35		>50 ~80
R 或 C	0.1	0.2	0.3	0.4	0.5	0.6	0.8	1.0	1.2	1.6	2.0
直径	>80 ~120	>120 ~180	>180 ~250	>250 ~320	>320 ~400	>400 ~500	>500 ~630	>630 ~8000	>800 ~1000	>1000 ~1250	>1250 ~1600
R 或 C	2.5	3.0	4.0	5.0	6.0	8.0	10	12	16	20	25

注：① α 一般采用 $45°$，也可以用 $30°$ 或 $60°$；

② R_1、C_1 的偏差为正；R、C 的偏差为负；

③ 在 $C < 0.58R_1$ 的装配方式中，C 的最大值 C_{max} 与 R_1 的关系如图；

④ R、C 系列：0.1,0.2,0.3,0.4,0.5,0.6,0.8,1.0,1.2,1.6,2.0,2.5,3.0,4.0,5.0,6.0,8.0,10,12,16,20,25, 32,40,50。

附表 17　砂轮越程槽(用于回转面和端面)(摘自 GB/T 6403.5—2008)

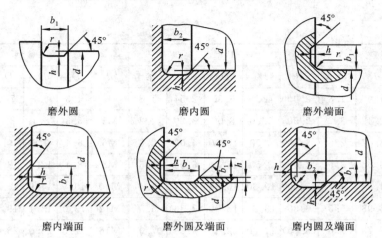

磨外圆　　　　　磨内圆　　　　　磨外端面

磨内端面　　　　磨外圆及端面　　　　磨内圆及端面

mm

b_1	0.6	1.0	1.6	2.0	3.0	4.0	5.0	8.0	10
b_2	2.0	3.0		4.0		5.0		8.0	10
h	0.1	0.2		0.3	0.4		0.6	0.8	1.2
r	0.2	0.5		0.8		1.0	1.6	2.0	3.0
d		≤10		>10~15		>50~100		>100	

注：① 越程槽内两直线相交处,不允许产生尖角;

② 越程槽深度 h 与圆弧半径 r 要满足 $r \leqslant 3h$;

③ 磨削具有多个直径的工件时,可使用同一规格的越程槽;

④ 直径 d 值大的零件,允许选择小规格的砂轮越程槽。

附表 18　中心孔的形式与尺寸(GB/T 145—2001);中心孔表示法(GB/T 4459.5—1999)

中心孔的形式:

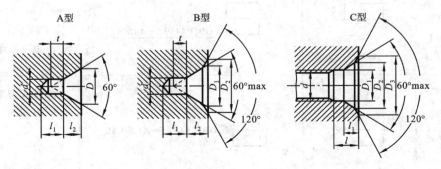

A型　　　　　　　B型　　　　　　　C型

(D_2、l_2可任选其一)(D_2、l_2可任选其一)

续表

中心孔尺寸:

mm

A 型				B 型					C 型					
d	D	l_2	t 参考	d	D_1	D_2	l_2	t 参考	d	D_1	D_2	D_3	l	l_1 参考
2.00	4.25	1.95	1.8	2.00	4.25	6.30	2.54	1.8	M4	4.3	6.7	7.4	3.2	2.1
2.50	5.30	2.42	2.2	2.50	5.30	8.00	3.20	2.2	M5	5.3	8.1	8.8	4.0	2.4
3.15	6.70	3.07	2.8	3.15	6.70	10.00	4.03	2.8	M6	6.4	9.6	10.5	5.0	2.8
4.00	8.50	3.90	3.5	4.00	8.50	12.50	5.05	3.5	M8	8.4	12.2	13.2	6.0	3.3
(5.00)	10.60	4.85	4.4	(5.00)	10.60	16.00	6.41	4.4	M10	10.5	14.9	16.3	7.5	3.8
6.30	13.20	5.98	5.5	6.30	13.20	18.00	7.36	5.5	M12	13.0	18.1	19.8	9.5	4.4
(8.00)	17.00	7.79	7.0	(8.00)	17.00	22.40	9.36	7.0	M16	17.0	23.0	25.3	12.0	5.2
10.00	21.20	9.70	8.7	10.00	21.20	28.00	11.66	8.7	M20	21.0	28.4	31.3	15.0	6.4

注:① 尺寸 l_1 取决于中心钻的长度,此值不能小于 t 值(对 A 型、B 型);

② 括号内的尺寸尽量不采用;

③ R 型中心孔未列入。

中心孔表示法(GB/T 4459.5—1999)

要 求	符 号	表示法示例	说 明
在完工的零件上要求保留中心孔		GB/T 4459.5—B2.5/8	采用 B 型中心孔 d=2.5 mm D_2=8 mm 在完工的零件上要求保留
在完工的零件上可以保留中心孔		GB/T 4459.5—A4/8.5	采用 A 型中心孔 d=4 mm　D=8.5 mm 在完工的零件上可保留、 也可不保留
在完工的零件上不允许保留中心孔		GB/T 4459.5—A1.6/3.35	采用 A 型中心孔 d=1.6 mm D=3.35 mm 在完工的零件上 不允许保留

注:在不至于引起误解时,可省略标记中的标准编号。

附表 19　优先配合中轴的极限偏差（GB/T 1801—2009）

μm

代号和等级 公称尺寸/mm	公差带												
	c	d	f	g	h				k	n	p	s	u
	11	9	7	6	6	7	9	11	6	6	6	6	6
≤3	−60 −120	−20 −45	−6 −16	−2 −8	0 −6	0 −10	0 −25	0 −60	+6 0	+10 +4	+12 +6	+20 +14	+24 +18
>3~6	−70 −145	−30 −60	−10 −22	−4 −12	0 −8	0 −12	0 −30	0 −75	+9 +1	+16 +8	+20 +12	+27 +19	+31 +23
>6~10	−80 −170	−40 −76	−13 −28	−5 −14	0 −9	0 −15	0 −36	0 −90	+10 +1	+19 +10	+24 +15	+32 +23	+37 +28
>10~14 >14~18	−95 −205	−50 −93	−16 −34	−6 −17	0 −11	0 −18	0 −43	0 −110	+12 +1	+23 +12	+29 +18	+39 +28	+44 +33
>18~24	−110 −240	−65 −117	−20 −41	−7 −20	0 −13	0 −21	0 −52	0 −130	+15 +2	+28 +15	+35 +22	+48 +35	+54 +41
>24~30													+61 +48
>30~40	−120 −280	−80 −142	−25 −50	−9 −25	0 −16	0 −25	0 −62	0 −160	+18 +2	+33 +17	+42 +26	+59 +43	+76 +60
>40~50	−130 −290												+86 +70
>50~60	−140 −330	−100 −174	−30 −60	−10 −29	0 −19	0 −30	0 −74	0 −190	+21 +2	+39 +20	+51 +32	+72 +53	+106 +87
>65~80	−150 −340											+78 +59	+121 +102
>80~100	−170 −390	−120 −207	−36 −71	−12 −34	0 −22	0 −35	0 −87	0 −220	+25 +3	+45 +23	+59 +37	+93 +71	+146 +124
>100~120	−180 −400											+101 +79	+166 +144
>120~140	−200 −450											+117 +92	+195 +170
>140~160	−210 −460	−145 −245	−43 −83	−14 −39	0 −25	0 −40	0 −100	0 −250	+28 +3	+52 +27	+68 +43	+125 +100	+215 +190
>160~180	−230 −480											+133 +108	+235 +210

续表

代号和等级 公称尺寸/mm	公差带											
	c	d	f	g	h				k	n	p	s	u
	11	9	7	6	6	7	9	11	6	6	6	6	6
>180~200	−240 −530											+151 +122	+265 +236
>200~225	−260 −550	−170 −285	−50 −96	−15 −44	0 −29	0 −46	0 −115	0 −290	+33 +4	+60 +31	+79 +50	+159 +130	+287 +258
>225~250	−280 −570											+169 +140	+313 +284
>250~280	−300 −620	−190 −320	−56 −108	−17 −49	0 −32	0 −52	0 −130	0 −320	+36 +4	+66 +34	+88 +56	+190 +158	+347 +315
>280~315	−330 −650											+202 +170	+382 +350
>315~335	−360 −720	−210 −350	−62 −119	−18 −54	0 −36	0 −57	0 −140	0 −360	+40 +4	+73 +37	+98 +62	+226 +190	+426 +390
>355~400	−400 −760											+244 +208	+471 +435
>400~450	−440 −840	−230 −385	−68 −131	−20 −60	0 −40	0 −63	0 −155	0 −400	+45 +5	+80 +40	+108 +68	+272 +232	+530 +490
>450~500	−480 −880											+292 +252	+580 +540

附表 20　优先配合中孔的极限偏差（GB/T 1801—2009）

μm

代号和等级 公称尺寸/mm	公差带												
	C	D	F	G	H				K	N	P	S	U
	11	9	8	7	7	8	9	11	7	7	7	7	7
≤3	+120 +60	+45 +20	+20 +6	+12 +2	+10 0	+14 0	+25 0	+60 0	0 −10	−4 −14	−6 −16	−14 −24	−18 −28
>3~6	+145 +70	+60 +30	+28 +10	+16 +4	+12 0	+18 0	+30 0	+75 0	+3 −9	−4 −16	−8 −20	−15 −27	−19 −31
>6~10	+170 +80	+76 +40	+35 +13	+20 +5	+15 0	+22 0	+36 0	+90 0	+5 −10	−4 −19	−9 −24	−17 −32	−22 −37
>10~14 >14~18	+205 +95	+93 +50	+43 +16	+24 +6	+18 0	+27 0	+43 0	+110 0	+6 −12	−5 −23	−11 −29	−21 −39	−26 −44

续表

公称尺寸/mm	公差带												
代号和等级	C	D	F	G	H				K	N	P	S	U
	11	9	8	7	7	8	9	11	7	7	7	7	7
>18~24	+240	+117	+53	+28	+21	+33	+52	+130	+6	−7	−14	−27	−33
	+110	+65	+20	+7	0	0	0	0	−15	−28	−35	−48	−54
>24~30	+240	+117	+53	+28	+21	+33	+52	+130	+6	−7	−14	−27	−40
	+110	+65	+20	+7	0	0	0	0	−15	−28	−35	−48	−61
>30~40	+280	+142	+64	+34	+25	+39	+62	+160	+7	−8	−17	−34	−51
	+120	+80	+25	+9	0	0	0	0	−18	−33	−42	−59	−76
>40~50	+290	+142	+64	+34	+25	+39	+62	+160	+7	−8	−17	−34	−61
	+130	+80	+25	+9	0	0	0	0	−18	−33	−42	−59	−86
>50~60	+330	+174	+76	+40	+30	+46	+74	+190	+9	−9	−21	−42	−76
	+140	+100	+30	+10	0	0	0	0	−21	−39	−51	−72	−106
>65~80	+340	+174	+76	+40	+30	+46	+74	+190	+9	−9	−21	−48	−91
	+150	+100	+30	+10	0	0	0	0	−21	−39	−51	−78	−121
>80~100	+390	+207	+90	+47	+35	+54	+87	+220	+10	−10	−24	−58	−111
	+170	+120	+36	+12	0	0	0	0	−25	−45	−59	−93	−146
>100~120	+400	+207	+90	+47	+35	+54	+87	+220	+10	−10	−24	−66	−131
	+180	+120	+36	+12	0	0	0	0	−25	−45	−59	−101	−166
>120~140	+450	+245	+106	+54	+40	+63	+100	+250	+12	−12	−28	−77	−155
	+200	+145	+43	+14	0	0	0	0	−28	−52	−68	−117	−195
>140~160	+460	+245	+106	+54	+40	+63	+100	+250	+12	−12	−28	−85	−175
	+210	+145	+43	+14	0	0	0	0	−28	−52	−68	−125	−215
>160~180	+480	+245	+106	+54	+40	+63	+100	+250	+12	−12	−28	−93	−195
	+230	+145	+43	+14	0	0	0	0	−28	−52	−68	−133	−235
>180~200	+530	+285	+122	+61	+46	+72	+115	+290	+13	−14	−33	−105	−219
	+240	+170	+50	+15	0	0	0	0	−33	−60	−79	−151	−265
>200~225	+550	+285	+122	+61	+46	+72	+115	+290	+13	−14	−33	−113	−241
	+260	+170	+50	+15	0	0	0	0	−33	−60	−79	−159	−287
>225~250	+570	+285	+122	+61	+46	+72	+115	+290	+13	−14	−33	−123	−267
	+280	+170	+50	+15	0	0	0	0	−33	−60	−79	−169	−313
>250~280	+620	+320	+137	+69	+52	+81	+130	+320	+16	−14	−36	−138	−295
	+300	+190	+56	+17	0	0	0	0	−36	−66	−88	−190	−347
>280~315	+650	+320	+137	+69	+52	+81	+130	+320	+16	−14	−36	−150	−330
	+330	+190	+56	+17	0	0	0	0	−36	−66	−88	−202	−382
>315~335	+720	+350	+151	+75	+57	+89	+140	+360	+17	−16	−41	−169	−369
	+360	+210	+62	+18	0	0	0	0	−40	−73	−98	−226	−426
>355~400	+760	+350	+151	+75	+57	+89	+140	+360	+17	−16	−41	−187	−414
	+400	+210	+62	+18	0	0	0	0	−40	−73	−98	−244	−471
>400~450	+840	+385	+165	+83	+63	+97	+155	+400	+18	−17	−45	−209	−467
	+440	+230	+68	+20	0	0	0	0	−45	−80	−108	−272	−530
>450~500	+880	+385	+165	+83	+63	+97	+155	+400	+18	−17	−45	−229	−517
	+480	+230	+68	+20	0	0	0	0	−45	−80	−108	−292	−580

附表 21　标准公差数值摘编

基本尺寸 /mm		标准公差等级																	
		IT1	IT2	IT3	IT4	IT5	IT6	IT7	IT8	IT9	IT10	IT11	IT12	IT13	IT14	IT15	IT16	IT17	IT18
大于	至	/μm											/mm						
—	3	0.8	1.2	2	3	4	6	10	14	25	40	60	0.1	0.14	0.25	0.4	0.6	1	1.4
3	6	1	1.5	2.5	4	5	8	12	18	30	48	75	0.12	0.18	0.3	0.48	0.75	1.2	1.8
6	10	1	1.5	2.5	4	6	9	15	22	36	58	90	0.15	0.22	0.36	0.58	0.9	1.5	2.2
10	18	1.2	2	3	5	8	11	18	27	43	70	110	0.18	0.27	0.43	0.7	1.1	1.8	2.7
18	30	1.5	2.5	4	6	9	13	21	33	52	84	130	0.21	0.33	0.52	0.84	1.3	2.1	3.3
30	50	1.5	2.5	4	7	11	16	25	39	62	100	160	0.25	0.39	0.62	1	1.6	2.5	3.9
50	80	2	3	5	8	13	19	30	46	74	120	190	0.3	0.46	0.74	1.2	1.9	3	4.6
80	120	2.5	4	6	10	15	22	35	54	87	140	220	0.35	0.54	0.87	1.4	2.2	3.5	5.4
120	180	3.5	5	8	12	18	25	40	63	100	160	250	0.4	0.63	1	1.6	2.5	4	6.3
180	250	4.5	7	10	14	20	29	46	72	115	185	290	0.46	0.72	1.15	1.85	2.9	4.6	7.2
250	315	6	8	12	16	23	32	52	81	130	210	320	0.52	0.81	1.3	2.1	3.2	5.2	8.1
315	400	7	9	13	18	25	36	57	89	140	230	360	0.57	0.89	1.4	2.3	3.6	5.7	8.9
400	500	8	10	15	20	27	40	63	97	155	250	400	0.63	0.97	1.55	2.5	4	6.3	9.7
500	630	9	11	16	22	32	44	70	110	175	280	440	0.7	1.1	1.75	2.8	4.4	7	11
630	800	10	13	18	25	36	50	80	125	200	320	500	0.8	1.25	2	3.2	5	8	12.5
800	1000	11	15	21	28	40	56	90	140	230	360	560	0.9	1.4	2.3	3.6	5.6	9	14
1000	1250	13	18	24	33	47	66	105	165	260	420	660	1.05	1.65	2.6	4.2	6.6	10.5	16.5
1250	1600	15	21	29	39	55	78	125	195	310	500	780	1.25	1.95	3.1	5	7.8	12.5	19.5
1600	2000	18	25	35	46	65	92	150	230	370	600	920	1.5	2.3	3.7	6	9.2	15	23
2000	2500	22	30	41	55	78	110	175	280	440	700	1100	1.75	2.8	4.4	7	11	17.5	28
2500	3150	26	36	50	68	96	135	210	330	540	860	1350	2.1	3.3	5.4	8.6	13.5	21	33

注：①基本尺寸大于 500 mm 的 IT1 至 IT5 的标准公差数值为试行值；

　　②基本尺寸小于或等于 1 mm 时，无 IT14 至 IT18；

　　③IT01 和 IT0 的标准公差未列入。

参 考 文 献

[1]　宫百香,李会杰,杨培田,等.工程制图[M].北京:中国水利水电出版社,2006.

[2]　大连理工大学.机械制图[M].北京:高等教育出版社,2006.

[3]　岳永胜,巩琦,赵建国,等.工程制图[M].北京:高等教育出版社,2007.

[4]　侯洪生,焦永和,王秀英,等.机械工程图学[M].2版.北京:科学出版社,2008.

[5]　孙开元,张晴峰.机械制图及标准图库[M].北京:化学工业出版社,2008.

[6]　杨老记,李俊武.简明机械制图手册[M].北京:机械工业出版社,2009.

[7]　熊建强,李汉平,涂筱艳.机械制图[M].北京:北京理工大学出版社,2010.

[8]　胡建生.化工制图[M].北京:化学工业出版社,2010.

[9]　刘小年,郭克希.工程制图[M].北京:高等教育出版社,2010.

[10]　鲁屏宇,田福润.工程制图[M].武汉:华中科技大学出版社,2011.

[11]　李平,钱可强,蒋丹.化工工程制图[M].北京:清华大学出版社,2011.